읽자마자
원리와 공식이 보이는
수학 기호 사전

읽자마자
원리와 공식이 보이는
수학 기호사전

구로기 데쓰노리 지음
김소영 옮김 | **신인선** 감수

수학 공식과 법칙을 이해하는 100가지 수학 기호 이야기
사칙연산부터 벡터와 미적분까지, 기호로 파악하는 수학의 본질

보누스

오늘날 사람이 하는 일은 고도의 지식 노동과 단순 노동으로 점차 양극화되고 있다. 이 중 많은 일이 AI(인공지능)가 개발되면서 곧 로봇으로 대체된다고 한다. 그렇게 되면 수학은 지금보다 더욱 피할 수 없는 분야가 될 것이다. 지식 노동이 고도화될수록 수학 또는 수학적 사고방식이 반드시 요구되기 때문이다.

인식과 달리 수학은 추상적인 부분이 많다. 이 탓에 추상적 개념을 구체화하는 기호들이 수없이 등장한다. 특히 수준이 높아질수록 기호는 더 많이 쓰인다. 안타깝게도 어떤 학문이든 기호가 많이 등장할수록 어렵게 느껴지기 마련이다.

그러나 수학 기호는 인류가 긴 역사를 지나면서 더 쉽게, 더 편하게, 더 많은 문제에 대응할 수 있도록 연구하고 또 연구한 결과다. 그렇게 기호화가 된 덕분에 수학이 수학자의 손에서 벗어나 일반인들에게도 전해질 수 있었던 것이다. 따라서 기호 사용과 발전은 이른바 '지식의 평등화'라고 할 수 있다.

지금은 누구나 어디를 가든 '기호의 바다'에 빠져 살고 있기 때문에 꼭 수학이 아니더라도 기호 자체를 피해갈 수는 없다. 즉 우리는 자신도 모르게 기호화에 익숙해져 있는 상태이므로 조금만 배워도 수학을 쉽게 이해할 수 있다. 아주 살짝만 더 귀를 기울이면 된다.

이 책은 초등학교 수학부터 대학교 미적분까지 쓰이는 수학 기호와 관련된 개념을 쉽게 해설하려고 노력한 책이다. 어떤 개념은 편하게 누워서 읽어도 물 흐르듯 이해할 수 있지만, 어떤 부분은 종이와 연필이 필요할 것이다. 되도록 수식을 최소화하고 쉽게 이해할 수 있도록 신경 썼지만 분명 어렵게 느껴지는 부분도 있다. 내용이 너무 어려워지지 않도록 수학적인 부분을 엄밀히 따져 쓰지는 않았다. 전문 지식이나 수식을 피할 수 없었던 부분들은 반복해서 설명하려 노력했다.

이 책이 개념을 제대로 알아보고 싶은 학생이나 한번 더 수학을 공부해 보고 싶은 분들을 위한 길잡이가 되면 좋겠다. 평생 학습의 시대인 만큼 지금까지와 다른 방법으로 수학을 접하며 수학에 대한 흥미가 커진다면 더할 나위 없을 것이다.

중고등학생에게는 지금 배우고 있는 내용 너머에 있는 수학을 들여다보는 마법의 거울로, 대학생에게는 전공 공부의 믿음직한 도우미로, 일반 성인에게는 수학에 대한 깊이 있는 관심과 이해를 위한 참고서로서 이 책을 읽어주시면 감사하겠다.

이미 잘 아는 내용이라도 '기호'라는 관점으로 보면 더욱 흥미롭고 관심이 갈 것이다. 뻔한 내용이 되지 않도록 색을 입히고 맛을 더하려고 노력했다. 원작은 고단샤(강담사) 사이언티픽의 오쓰카 노리오 씨가 기획했다. 그의 지대한 협력이 없었다면 완성하지 못했을 것이다. 편집부 스토 스미코 씨가 큰 힘을 써 주신 것에 감사하며 다카즈카 나오코 씨가 전작의 그림을 사용할 수 있도록 허락해 주신 것도 함께 감사드린다. 한층 더 폭넓은 독자들에게 전해져 여러분들에게 기분 좋은 선물이 된다면 이보다 큰 행복은 없을 것이다.

구로기 데쓰노리

제 **2** 부
대학에서 배우는 교양 수학 기호

제 **3** 부

고난도 수학 : 기호로 이해하는 편미분

제1부

학교에서 배우는
수학 기호

01

+, −

−(− 1)은 왜 1인가

고대 중국에서는 +, −를 ⊥, Τ로 썼다고 한다. 마치 압정을 방향만 바꿔놓은 것처럼 보이기도 한다. +, −라는 기호를 가장 먼저 쓴 사람은 독일의 요하네스 비트만인데, 그가 1489년에 출간한《상업용 산술서》라는 책에 처음 등장한다. 즉 15세기에 들어서야 +, −라는 기호가 처음 등장한 것이다. 원래는 더하고 뺀다는 연산 기호가 아니라 '11은 10보다 1이 크고 13보다 2가 작다'와 같이 어떤 기준에 넘치거나 부족한 것을 나타내는 기호로만 사용되었다.

현재 +, −는 두 가지 뜻으로 쓰인다. 하나는 $+7$의 +, -8의 −처럼 숫자의 음과 양을 나타내는 '부호'로, 다른 하나는 계산을 하기 위한 '연산 기호'로 사용된다. $2+3$에서 +는 2와 3을 더하라는 연산 기호이며 $9-5$에서 −는 9에서 5를 빼라는 연산 기호다. $2-5=(-3)$처럼 등호 왼쪽의 −는 연산 기호이지만, 등호 오른쪽의 −는 부호인 경우도 있다.

양수를 나타내는 +는 생략되는 경우가 대부분이다. 예를 들어 +7은 일반적으로 7로만 표기하지 2+5=(+7)로 쓰지는 않는다. +를 빼는 이유는 수학의 고유한 특성 때문이다. 원래 수학에서는 'Simple is the Best', 즉 단순함을 최고로 여기는 경향이 있다. 따라서 혼란스럽지만 않다면 어떤 요소든 거침없이 생략한다. 양수와 음수만 구별할 목적으로 음수 기호인 −를 쓰기로 했으니 +는 일일이 쓸 필요가 없는 것이다.

단순함이 최고라는 미덕은 수학을 벗어나서도 마찬가지다. 신청 서류 같은 것을 작성할 때 보통 남 또는 여 중 하나에 ○를 치는데, 인쇄를 절약하고 싶으면 둘 중 하나만 인쇄해서 자신의 성과 다를 때만 ×를 치면 가장 단순하고 효율적인 방법이 된다. 그러나 둘 중 어떤 것을 생략할지 따지는 순간 분명 치열한 논쟁이 펼쳐질 테니, 이때는 '단순할수록 최고'를 기준으로 삼지 않는 것이 현명할 것이다.

물론 2+3에서 +를 생략하고 23이라고 쓰면 '이십삼'으로 착각하기 쉬우니 연산 기호 +, −는 생략할 수 없다. 쉽다고 해서 대충 표기해서도 안 된다. −에서 세로줄만 그으면 완전히 반대 의미인 +로 뚝딱 변신할 수 있으니 주의해야 한다. 채점을 할 때 5점을 뺄 생각으로 −5라고 썼는데 시험지를 받은 학생이 −5를 +5로 바꿔놓고는 "선생님, 5점이 모자란데요?"라며 찾아오지 말라는 법도 없다.

그런데 음과 양의 부호인 +, −는 부호 자체가 연산으로 쓰일 때도 있다. 온도계를 오른쪽으로 눕혀 가로로 놓았다고 생각해 보자. 그러면 가운데 있는 0을 기준으로 오른쪽은 양수이고 왼쪽은 음수(영하)다. 0을 기준으로 양수와 음수가 서로 반대 위치에 있다는 사실이 중요하다. $+5$는 5라는 숫자 그대로를 나타내며, -5는 0을 기준으로 5와 정반대 방향에 있다. $+$와 $-$ 부호를 '방향'이라는 관점에서 생각하면 $+$란 방향이 바뀌지 않는 부호, $-$는 방향이 $+$와 정확히 반대로 바뀌는 부호인 것이다. 따라서 $-(-5)$는 '반대의 반대 방향'을 의미하므로 $+5$가 되고, $+(-5)$는 -5가 된다.

중학교 때까지 다루는 익숙한 수들을 '실수'라고 부른다. 실수는 영어로 'real number'라고 하며 보통 실수 전체를 가리킬 때 영어 이름을 딴 R이라는 기호를 사용하곤 한다. 여러분도 잘 알다시피 두 실수 a, b가 있을 때 덧셈 $a+b$는 그 결과도 실수가 된다. 그러나 수학에서는 그것을 항상 엄밀하게 정의해야 한다. 덧셈은 다음과 같은 성질을 가지는 것으로 정의한다.

(1) 두 수의 위치를 맞바꾸어 더해도 그 값은 같다.(교환 법칙이라고 한다.)

$$a+b=b+a$$

(2) 3개 이상의 수를 더할 때 더하는 순서와 상관없이 그 값은 같다.(결합 법칙이라고 한다.)

$$a+(b+c)=(a+b)+c$$

(3) 특별한 수 0이 있다. 0이란 다음과 같은 식을 만족하는 수를 말한다. 이때 0을 a에 대한 항등원이라고 한다.

어떤 실수 a에 대해서도 $a+0=a$

(4) 방정식 $x+a=0$을 만족하는 x의 값이 반드시 존재한다. 이때 $x=-a$이며, x를 덧셈 +에 관한 a의 역원이라고 한다. 여기서 −는 음수 부호다.

따라서 실수의 덧셈에서는 어떤 수를 어떻게 더하더라도 그 결과는 반드시 실수가 된다. 이처럼 두 원소(실수 a, b)의 연산 결과가 항상 그 집합의 원소(실수)가 될 때 '닫혀 있다'라고 말한다. 그리고 이와 같이 닫혀 있고, 항등원 및 역원이 존재하며, 결합 법칙이 성립하는 집합을 군(group)이라고 부른다. 따라서 실수에 속하는 모든 수는 연산 +에 대해 닫혀 있고, 실수는 덧셈에 대한 군이 된다.

연산으로서 −는 방정식 $z+a=b$를 만족하는 z를 구하는 연산, 즉 덧셈의 역연산으로 정의된다. $z=b+(-a)$가 되도록 $z=b-a$의 꼴로써서 새로운 연산인 '뺄셈'을 도입하는 것이다. 이처럼 덧셈과 뺄셈을 자유자재로 쓸 수 있다는 것을 보증하는 존재가 군이다. 이런 면에서 수학은 구조의 학문이라고도 할 수 있다.

실수가 아닌 자연수 안에서는 덧셈과 뺄셈을 자유롭게 할 수 없다. 자연수에는 음수가 없기 때문이다. 따라서 자연수는 +의 역연산이 성립하지 않는 경우도 있으므로 연산 +에 대해 불완전한 구조다. 이 말은 초등학교 때 배우는 자연수의 연산이 중학교에서의 실수 연산보다 자유롭지 않다는 뜻이다. 수학은 개념을 파악할수록 그 활용 범위가 넓어지기 때문에 학년이 올라갈수록 발달에 맞춰서 더 자유로워진다. 그 결과 초등학교보다는 중학교, 중학교보다는 고등학교에서 쓸 수 있는 수학적 도구도 더 많아지는 것이다.

Column _____ 계산 장인이라는 직업이 있었다?

앞에서 등장한 요하네스 비트만은 '계산 장인'이라는 전문직에 종사하던 머리가 비상한 사람이었다. 15세기 독일에서는 한자동맹(독일의 여러 도시가 결성한 상업 동맹)으로 상공업의 발전과 함께 산술이 활발해지면서 계산 장인이라는 전문 직업이 생겼다. 한자동맹은 상공업자의 제자들을 교육하기 위한 계산 학교를 설립하고, 계산의 전문가였던 '계산 장인'을 불러 강의하게 했다. 당시 사원 학교나 일반 학교에서는 실용 산술을 가르치지 않았다. 계산 장인은 길드(조합)를 만들어서 이 일을 독점했고, 그 후 이들은 30년 동안 일반 학교에서 산술을 가르치는 것에 반대했다고 한다.

02

✕, ÷

1은 깔끔하지만 0.999…는 불안해

　　모두 알다시피 ✕는 곱셈을 나타내는 기호, ÷는 나눗셈을 나타내는 연산 기호다. 앞서 배운 ＋와 −의 관계처럼, ÷는 ✕의 역연산이며 ✕는 ÷의 역연산이다. 이 말은 6을 2로 나눠도 2를 곱하면 다시 6으로 돌아간다는 뜻이다. 식으로 쓰면 $6÷2=3$, $3×2=6$, 또는 $(6÷2)×2=6$ 이다. 마찬가지로 2에 3을 곱해도 3으로 나누면 다시 2로 돌아간다. 이를 식으로 나타내면 $(2×3)÷3=2$이다.

　　✕는 1618년에 영국의 에드워드 라이트가 로그(log)를 발명한 영국 수학자 존 네이피어의 주석본을 냈을 때 처음 사용했다. 이때는 ✕ 기호를 따로 사용하지 않고 알파벳 대문자 X가 쓰였는데, 1631년에 출간된 오트레드의 책《수학의 열쇠》에서 오늘날과 같은 ✕ 기호가 처음으로 쓰였다. 독일의 유명한 수학자 라이프니츠는 "나는 곱셈 기호로 ✕를 선호하지 않는다. 자칫 알파벳 X(엑스)와 혼동할 수 있기 때문이

다."라고 서술하며 곱셈을 • 으로 나타냈다. 이 역시 현재 ×와 함께 흔히 쓰인다.

나눗셈 기호 ÷는 한때 뺄셈 기호로 사용된 적도 있다. 참고로 프랑스에서는 지금도 나눗셈 기호로 ÷를 사용하지 않고 라이프니츠가 애용했던 ':'를 쓰고 있다. 물론 곱셈이나 나눗셈이라는 계산 자체는 기호가 도입되기 훨씬 이전부터 쓰였다.

한국은 삼국시대부터 중국에서 전해진 구구단을 사용한 것으로 알려져 있다. 6~7세기 백제 시대 유물인 '구구표 목간'에 7단부터 9단까지의 구구단이 적혀 있어 당시 관청에서 행정 사무를 처리할 때 구구단을 이용했을 것으로 추정된다. 목간이란 종이 대신 글자를 기록하는 데 쓰인 나뭇조각을 말한다.

구구단이 수학을 공부하는 기초가 되는 것처럼, 수학은 연산을 벗어나 생각할 수 없다. 특히 연산의 구조를 다루는 분야를 '대수학'이라고 한다. 수학에서는 연산을 생각할 때 반드시 '원래대로 돌리는' 역의 연산을 함께 생각해야 한다. 그 이유는 계산을 자유자재로 하기 위해서인데 +와 −도 이와 같은 관계다.

1장에서 설명했듯이 실수는 곱셈과 그 역연산인 나눗셈을 자유자재로 쓸 수 있는 구조다.(물론 나눗셈에서 0으로 나누는 경우는 제외한다.) 즉 실수는 곱셈에 대해서도 군이 된다는 뜻이다.

×의 역연산 ÷는 '방정식 $z \times a = b$의 해 z를 구하는 연산'으로 정의된다. 즉 a의 역수 $\frac{1}{a}$을 생각하고, $z = b \times (\frac{1}{a})$로 z가 결정된다. 이러한

z를 $\dfrac{b}{a}$(또는 $b \div a$)라고 쓰고 '몫'이라고 부르며 새로운 연산인 나눗셈을 도입한다. 이처럼 나눗셈은 곱셈의 역연산으로 도입했으므로 1을 3으로 나누면

$$1 \div 3 = 0.333\cdots$$

이런 식이 나오고, 여기에 3을 곱하면 다음과 같은 값이 나온다.

$$0.333 \times 3 = 0.999\cdots$$

나눗셈이 곱셈의 역연산이므로 똑같은 값이 나와야 하는데, 0.999…가 한없이 이어질 뿐 1로 돌아가지 않는 것이다. 이 현상을 이상하게 생각하는 사람이 있을지도 모른다. 사실 이것은 ×와 ÷라는 연산 때문이 아니라 숫자 표기 방법에 문제가 있어 일어나는 현상이다.

애초에 숫자는 두 가지 방법으로 표기할 수 있다. 예를 들면 1을 0.999…로 표현할 수 있고, 1.5는 1.4999…로 나타낼 수 있다. 즉 무한소수도 수라는 사실을 인정한다면 모든 수는 무한소수로 표시할 수 있다는 것이다. 만약 무한소수를 허용하지 않는다면 $\sqrt{2} = 1.4142\cdots$는 숫자가 아니게 되므로 무한으로 이어지는 소수를 받아들일 수밖에 없다.

여러분 중에는 수학을 완벽하게 차가운 학문이라고 생각하는 사람도 있을지 모르겠지만 사실은 꽤나 인간적인 면이 많다. 마치 면접

을 보는 지원자처럼 겉으로는 깔끔하게 1로 단장한 숫자라도, 사실 속은 0.999…로 끝없이 불안하게 요동치고 있다.

단, $1 \div 3$을 수행할 때 이를 $\frac{1}{3}$이라고 표기하면 $\frac{1}{3} \times 3 = 1$이 된다. 따라서 $1 \div 3$의 계산 결과를 굳이 구하려 하기보다 가끔은 게으름을 피워서 $\frac{1}{3}$로 놔두는 것도 좋다. 애초에 분수는 게으름을 피우려고 만든 개념이기에 그 목적과 매우 잘 어울리는 표현 방법이다. 나눗셈을 $b \div a$라고 쓰면 계산을 해서 하나의 값을 내고 싶어지는 것이 인간의 심리이긴 하지만, 지금처럼 $\frac{b}{a}$라고 쓰고 놔두는 것이 더 현명한 선택이 될 때가 있다.

방금 잠깐 살펴본 '분수'라는 숫자 표현은 소수와는 분명 다른 표현이다. $\frac{1}{3}$컵, $\frac{1}{2}$큰술 등 요리 프로그램에 자주 나오는 것처럼 물이나 간장 같이 정확하게 나눌 수 없는 양을 나타낼 때 적절한 표현이기도 하다.

곱셈의 경우, $2 + 2 + 2 = 2 \times 3$처럼 덧셈을 생략하기 위해 만든 기호가 $\times$라고 알고 있는 사람이 많을 것이다. 그러나 그것이 다는 아니다. 예를 들어 사각 형태의 넓이를 구할 때 길이$\times$길이=넓이가 되긴 하지만, 2m$\times$3m로 계산하지 않고 2m+2m+2m로 계산하면 틀린 풀이 과정이 된다. 길이는 아무리 더해도 넓이가 될 수 없다. 즉 곱셈은 원래 덧셈과 다른 새로운 연산이다. 마찬가지로 나눗셈도 뺄셈과는 다른 새로운 연산이다.

이러한 연산 사이의 관계를 다양하게 활용하여 문제를 해결한다.

예를 들어 '속도'라는 개념은 (거리) ÷ (시간)으로 정의된다. 따라서 (거리) = (속도) × (시간)이 성립한다. 미분 역시 이 나눗셈에서 만들어 진 개념이다.

연산을 할 때 +, −, ×, ÷는 기본이다. 그래서 이들 네 개의 연산 을 이용하는 계산을 사칙연산이라고 한다. 연산이 정의되려면 몇 가지 법칙이 필요한데, 그중 하나가 분배 법칙이다.

$$a \times (b+c) = a \times b + a \times c$$

이 식은 흔히 다음 그림과 같이 나타낸다. 잘 알다시피 사칙연산 에는 연산의 우선순위가 있어서 +, − 보다 ×, ÷를 먼저 계산한다.

사칙연산에는 다음과 같은 약속이 있다.

(1) 괄호 안을 먼저 계산한다.

(2) 덧셈이나 뺄셈보다 곱셈이나 나눗셈을 먼저 계산한다.

만약 같은 우선순위(덧셈과 뺄셈, 곱셈과 나눗셈)라면 왼쪽에 오 는 것을 먼저 계산한다.

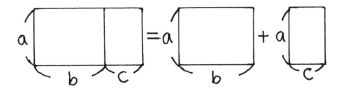

그림으로 이해하는 분배 법칙

이런 약속이 왜 필요할까? (1)은 정해진 규칙이니 굳이 설명하지 않겠다. (2)는 $2+3\times4-5$라는 식을 예로 들어 생각해 보자.

이 식은 $2+3$을 먼저 계산하고 거기에 4를 곱한 다음 5를 빼면 안 된다. 3×4를 먼저 계산해서 2에 12를 더하고 거기서 5를 빼야 한다. 왜냐하면 '식'이란 구체적인 사항을 해결하기 위한 것이기 때문이다. 따라서 이 식이 나타내는 구체적 장면을 생각해 보면 된다.

$2cm^2+3cm\times4cm-5cm^2$를 떠올리든, 포도알 2개$+3$개$\times4$접시 -5개를 떠올리든 일단 계산을 해 보면 $2+3$을 먼저 계산하면 안 된다는 것을 알 수 있다. 덧셈이나 뺄셈보다 곱셈과 나눗셈을 먼저 계산할 수밖에 없다. 위 식을 문자로 바꿔보면 아래와 같다.

$$a+b\times c-d$$

보통 $\times$는 생략되는 경우가 많으므로 $a+bc-d$라고 표기한다. 이는 문자 x(엑스)와 $\times$(곱하기)를 혼동하지 않도록 배려하는 의미도 있지만, 사실 곱셈을 먼저 계산한다는 법칙이 있기 때문에 쓸 수 있는 표현이기도 하다. $\times$를 생략하거나 $\div$ 대신 $/$를 쓰는 것은 식을 더 단순하게 변형하기 위한 합리적인 방법 중 하나다. 따라서 다음 장부터는 $\times$를 $\cdot$로 쓰거나 생략하는 경우가 대부분일 것이고, $\div$ 대신 $/$를 쓰거나 분수를 활용할 것이다. 별것 아니라고 생각할지 모르겠지만 문자식에서는 이것이 매우 중요하다.

03

∞

무한이라는 마법

∞는 영국의 수학자 월리스가 생각해 낸 기호로, 1656년 그의 책 《무한 산술》에서 처음 사용했다고 한다. 기호의 모양은 1000을 나타내는 초기 로마 숫자 CⅠƆ에서 힌트를 얻었다고 하는데 다른 설도 있다. 월리스의 책에서는 $\frac{1}{0} = \infty$, $\frac{1}{\infty} = 0$이라고 기술되어 있는데, 0에 대응하는 기호로서 00을 붙여 ∞를 만들지 않았을까 추측하는 사람도 있다.

이 ∞는 기호 중에서도 매우 특이하다. 왜냐하면 숫자를 나타내는 것이 아니라 매우 큰 '상황'을 나타내는 기호이기 때문이다. ∞, 즉 무한대는 한없이 커져가는 상황을 뜻하는 것이지 구체적인 숫자를 가리키는 기호가 아니다. 이 때문에 무한대가 무엇인지 말로 표현하기가 다른 기호에 비해 쉽지 않다. 《이솝 이야기》에는 이런 일화가 나온다.

새끼 개구리가 소를 보고 깜짝 놀라 헐레벌떡 돌아왔다. 새끼 개구리는 엄마에게 말했다.

"엄마, 정말 큰 걸 봤어요."

엄마가 그렇게 큰 건 없다며 배를 한껏 내밀어 보여주자 새끼가 말했다.

"아니, 그것보다 더 컸어요."

그래서 배를 점점 크게 부풀렸지만 더 크다고 계속 얘기하다가 결국 빵 터져버렸다는 매우 잔혹한 이야기다. 남의 이야기를 너무 의심하면 안 된다든가 남의 흉내만 내면 안 된다는 교훈이 담겨 있다.

그러나 엄마 개구리가 배를 얼마나 부풀렸든 간에 새끼 개구리에게 소는 단순히 말이나 형태로 표현할 수 없을 정도로 컸을 것이다. 개구리 엄마와 아들이 만약 무한대의 존재를 알고 있었다면 ∞ 라는 기호 하나로 표현할 수 있어 처참한 결과를 부르지 않고 끝났을 수도 있다. 실제로 ∞ 기호를 발명한 덕분에 수학도 이 이야기처럼 비참한 결과를 따라가지 않았다고 할 수 있다.

기호는 일일이 숫자를 쓰는 것보다 시간이나 노력을 절약할 뿐만 아니라 개념을 더욱 이해하기 쉽게 표현해 주기도 한다. 따라서 현대의 로고나 마크처럼 메시지의 성격이 강하다. 무한대는 숫자가 아니므로 $n = \infty$ 라고 쓰는 것은 의미가 없지만, 메시지라고 생각하면 이렇게 쓰는 것도 용납할 수 있을 것이다.

따라서,

$$n \to \infty \text{ 이라면 } n^2 \to \infty$$

이렇게 쓰는 것이 일반적이지만,

$$\lim_{n \to \infty} n^2 = \infty$$

이렇게도 쓸 수 있다. ∞가 무한을 나타낸다는 것까지는 알았는데, 그렇다면 ∞가 나타낸다는 무한의 의미는 무엇일까? 한마디로 말하면 무한이란 '유한이 아닌 것'이다. 그러나 이 설명만으로는 알 듯 말 듯 알쏭달쏭하다.

자연수 1, 2, 3,…이 무한이라는 말은 임의의 자연수 a를 생각했을 때 $a < n$이 되는 자연수 n이 반드시 존재한다는 뜻이다. 다음 이야기는 무한이 가진 성질을 이용한 수수께끼다.

길 잃은 나그네가 날이 저물어 묵을 곳을 찾다가 '짝수집'이라는 이름의 여관을 발견했다. 이 여관은 전부 짝수 번호가 적힌 무한의 객실로 이루어져 있다. 가게 앞까지 갔더니 그곳에는 '빈방 없음'이라는 간판이 걸려 있었다. 그러나 달리 방도가 없어서 그래도 하룻밤 묵을 수 없겠냐고 여관 주인에게 물어보자 주인은 "잠시만요."라며 나그네를 기다리게 했다. 그리고 나그네는 무사히 그 여관에 묵을 수 있었다. 그럼 빈방이 없다는 간판은 거짓이었다는 말일까?

나그네가 주인에게 물어봤을 때 빈방이 없다는 말은 사실이었지만, 주인은 이미 머무르고 있는 손님들에게 자신의 방 번호보다 2만큼 큰 번호의 방으로 이동하게 해서 첫 방을 비웠다. 객실이 무한하기 때문에 가능한 이야기다.

19세기 집합론을 창설한 독일의 칸토어는 무한을 다음과 같이 설명했다. 수학에서는 '대상이 되는 사물을 다른 사물과 명확히 구별할 수 있는 모임'을 집합이라고 한다. 어떤 집합에 속하는 원소가 무한개 있다는 것은 그 집합의 모든 원소와 일대일 대응이 되는 부분집합이 존재한다는 것이다. 이때의 부분집합을 진부분집합이라고 한다.

설명이 어렵다면 자연수의 집합을 생각해 보자. 이 집합은 짝수 전체를 그 일부분으로(진부분집합으로서) 포함하고 있다.

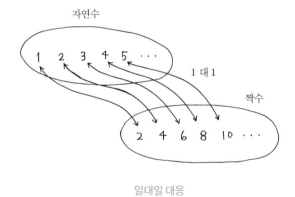

일대일 대응

$$1 \rightarrow 2,\ 2 \rightarrow 4,\ \cdots,\ n \rightarrow 2n,\ \cdots$$

하지만 이런 식으로 대응을 하면 자연수 전체와 짝수 전체는 서로 일대일 대응이 된다. 즉 자연수 전체의 원소의 개수와 그 일부분인 짝수 전체의 원소의 개수가 같아지는 일이 일어난다. 이런 성질을 가지는 집합을 무한집합이라고 한다. 칸토어는 바로 이것이 무한을 나타낸다고 생각했다. 다만 현재는 무한에도 계층(크고 작음)이 있다는 사실이 밝혀졌다.

자연수 전체와 농도가 같은 무한을 가산 무한(셀 수 있는 무한)이라고 하고, 실수 전체와 농도가 같은 무한을 비가산 무한(셀 수 없는 무한)이라고 한다. 전자는 $\aleph_0$(알레프 제로)로 표기하고, 후자는 $\aleph$(알레프)로 표기한다.(28장 참고)

이 개념에 따르면, 유리수 전체는 알레프 제로이고 $\sqrt{2}$와 같은 무리수 전체는 알레프다. 따라서 유리수보다는 무리수가 훨씬 더 많다. 수의 세계에서는 3, $\dfrac{1}{4}$ 같이 우리가 많이 접하는 수보다 $3.1415\cdots$처럼 마지막까지 다 쓰지 못하는 수가 대부분을 차지한다.

04

%

편하게 계산하고 싶다면

%는 백분율 기호이며 퍼센트라고 읽는다. 쇼핑을 할 때 할인율만 보고 물건을 샀는데 금액이 어느 정도 나올지 감이 잡히지 않아 계산 대에서 머뭇거리거나, 은행 예금 금리가 낮아서 연금 생활을 하는 노인들이 울상을 짓는 등 현대인의 생활은 %에 놀아나고 있다.

퍼센트는 라틴어 per centum에서 온 말로, 직역하면 '100에 대하여'라는 뜻이다. 예를 들어 1%라면 100에 대한 1, 즉 $\frac{1}{100}$(=0.01)이라는 뜻이다. 소수는 수학자 네이피어와 스테빈이 등장한 이후인 16세기에 발달했다. 그때까지는 시간 계산법을 바탕으로 한 60진법이 주류였으며 18세기가 되어서야 60진법을 대신해 10진법이 널리 쓰였다.

하지만 분수를 일일이 계산하기가 만만치 않았기 때문에 실제 금전 거래나 세금, 이익 손실 등을 따질 때는 계산하기 편한 $\frac{1}{10}$, $\frac{1}{20}$, $\frac{1}{25}$, $\frac{1}{100}$ 등을 사용했다. 로마 시대에는 경매로 나온 물품에 $\frac{1}{100}$, 해방된

노예에 $\frac{1}{20}$, 팔린 노예에 $\frac{1}{25}$의 세금이 붙었다.

$\frac{1}{100}$은 100으로 분할했을 때의 단위 부분을 나타내는데, 계산이 편하다는 장점이 있어서 자주 사용되었다. 고대 로마에서 퍼센트는 금전적으로 100을 기준으로 손실이나 이익으로 생각했기 때문에 장사에서 금전 거래를 할 때만 사용되었다고 한다. 특히 15세기 상업의 중심지인 이탈리아에서는 퍼센트를 활발히 사용했다. 15세기나 16세기 유럽에서는 이미 복리 계산법이 널리 쓰이고 있었는데, 앞서 잠깐 등장한 수학자 스테빈과 루돌프 등이 복리표를 만들었다. 그 뒤로 적용 범위가 점점 넓어져 오늘날의 백분율로 자리 잡게 되었다

예전에는 cento(100)를 흔히 cto로 줄여서 썼는데, cto를 쓰는 과정에서 중간에 있는 t가 단순한 직선 형태로 변해 %라는 기호가 탄생했다고 한다. 1684년 출간된 이탈리아 책에서 %라는 기호가 나타났으니 300년 넘는 역사가 있는 셈이다. 퍼센트 말고도 철도 선로의 경사 등을 나타낼 때 사용되는 기호 ‰도 있는데, 이 기호는 퍼밀(천분율)이라고 읽는다.

% 기호의 변천

05

모자도 아닌 것이, 국자도 아닌 것이

$\sqrt{}$는 루트(근호)라고 읽고, $\sqrt{2}$나 $\sqrt{25}$와 같이 쓰인다. $\sqrt{2}$는 같은 수를 두 번 곱하면(제곱하면) 2가 되는 숫자를 말한다. 즉 $\sqrt{25}$는 제곱했을 때 25가 되는 숫자를 나타내므로 $\sqrt{25}=5$가 된다. -5도 제곱하면 25가 되지만, 실수 범위에서 루트 안의 값은 반드시 양수로 한다는 규칙이 있다. 따라서 $\sqrt{a^2}$라고 쓰여 있으면 판단하기가 어렵다. 제곱을 해서 a^2이 되는 수는 a인데, 만약 $a=(-3)$이라면 어떻게 될까?

$$\sqrt{a^2}=\sqrt{(-3)^2}=\sqrt{9}$$

a가 -3이어도 3이 된다. 즉 마지막 $\sqrt{9}$ 부분만 보고 규칙에 따라 $\sqrt{9}=3$이니 $\sqrt{a^2}=a$라고 단정하면 안 된다. 따라서 문자로 나타낼 때는 이렇게 써야 정확하다.

$$\sqrt{a^2} = |a|$$

*$|a|$에서 | |는 수직선에서 원점으로부터의 거리를 의미하며,
+나 − 기호가 배제된 값을 나타낼 때 쓰이는 기호다.

스위스의 수학자 오일러는 $\sqrt{}$가 근(radix)의 첫 글자인 r에서 왔다고 했다. 이탈리아, 프랑스, 독일 등에서는 $\sqrt{5}$를 R5로 표기하곤 했다. 처음 $\sqrt{}$를 사용한 사람은 루돌프라는 수학자인데, 1525년에 출간된 책《보통이라 불리는 대수의 기교적 규칙에 따른 빠르고도 아름다운 계산》에 처음 나왔다. 루돌프는 $\sqrt{}$라 썼는데, 프랑스의 철학자 데카르트가 지금과 같이 위의 줄을 가로로 길게 늘어놓았다.

이 $\sqrt{}$라는 기호는 사실상 모든 수에 씌울 수 있어서 자연수 1, 2, 3,…, n,…이라는 모든 수에 $\sqrt{1}$, $\sqrt{2}$, …이라고 하면 $\sqrt{}$를 씌운 숫자가 계속 생겨난다. 게다가 $\sqrt{}$를 중복 사용해서 $\sqrt{\sqrt{2}}$로 쓰거나 1.5에 $\sqrt{}$를 씌워서 $\sqrt{1.5}$로 할 수도 있기 때문에 $\sqrt{}$를 씌운 숫자가 자연수보다 압도적으로 많은 셈이다.

루트를 씌운 숫자 형태 중에서 가장 유명한 것은 역시 $\sqrt{2}$일 것이다. 이 수는 피타고라스의 정리에서 발견되었다. 피타고라스는 기원전에 살았던 고대 그리스의 대학자인데 피타고라스를 따르는 학파가 200년 동안 이어졌다고 한다. 피타고라스의 유명한 말인 "만물은 수다."에서 알 수 있듯이, 그는 세상의 모든 것을 정수의 비(유리수)로 표현할 수 있다고 생각했다. 그래서 이 무리수가 발견되자 피타고라스는

깊은 고민에 빠졌다. 그는 이 사실을 외부로 누설하는 것을 금지했고 그것을 위반한 자는 바다로 밀어 떨어뜨렸다고 하는데, 소문일 뿐 실제로 그랬는지는 알 수 없다. 하지만 그 정도로 충격적인 발견이었다는 것은 쉽게 상상할 수 있다.

한편 조금 다른 방식으로 $\sqrt{2}$를 구하려고 했던 사람도 있다. $2 = \frac{2}{1} = \frac{8}{4} = \frac{18}{9} = \cdots$과 같이 분모를 n^2로 놓고 계산을 진행하다 보면 분모와 분자가 제곱수($= (\frac{q}{p})^2$)가 되는 곳이 있으리라 믿고 찾으려 한 것이다. 예를 들어 분모가 2의 제곱수 4, 분자가 3의 제곱수 9인 $\frac{9}{4}$는 $(\frac{3}{2})^2$이 된다. 물론 $\frac{9}{4}$는 2가 아니므로 정답이 될 수 없지만, 만약 이런 방식으로 분자가 분모의 정확히 2배이면서 각각의 숫자가 제곱수인 수가 있다면 그 $\frac{q}{p}$가 $\sqrt{2}$가 되는 것이다.

$\sqrt{2}$가 무리수인 탓에 잘 풀리진 않았겠지만, 근삿값을 발견한 사람은 있다. 바로 이집트의 테온이다. 그는 이 방법으로 $\frac{288}{144}$과 분자가 1 차이 나는 $\frac{289}{144}$가 딱 $(\frac{17}{12})^2$이라는 사실을 발견했다. 확실히 $17/12 = 1.416\cdots$이니까 $\sqrt{2}$와 매우 가깝다. 잘못된 추측을 바탕으로 했다고는 하지만, 수에 대한 집념이 이룩한 성과였다.

'무리수는 유리수에 비해 별로 많지는 않겠지?'라고 생각하는 사람도 있겠지만, 유리수보다 무리수가 훨씬 더 많다. 만약 길에 온통 숫자들이 놓여 있다면, 발에 치이는 숫자는 대부분 무리수일 것이다.

$\sqrt{2}$는 수학이 아닌 다른 분야에서도 매우 자주 등장한다. 모나리자 그림의 가로세로 비율은 $\sqrt{2}$에 가깝다. 보통 황금비라고 불리는 비율은

1 : 1.618…인데, 한국에서는 $1 : \sqrt{2}$를 금강비라고 부르며 석굴암, 무량수전 같은 건축물을 짓는 데 사용했다고 한다. $\sqrt{2}$는 미의 원천이라고도 할 수 있겠다.

직사각형 종이를 절반으로 접거나 자르면 형태와 비율이 바뀐다. 그러나 절반으로 접어도 형태가 바뀌지 않고 그대로 유지되는 종이가 있다. 이때 원래 도형과 접힌 도형을 '닮음'이라고 한다. 이렇게 닮음이 되려면 원래 직사각형의 가로세로 비율이 얼마여야 할까? 세로를 1, 가로를 x로 놓고 이 문제를 풀어보면 다음과 같다.

$$1 : x = \frac{x}{2} : 1$$

비례식을 풀어 x의 값을 구해보자. 알다시피 비례식은 외항의 곱 = 내항의 곱이므로 $1 \times 1 = x \times \frac{x}{2}$가 된다. 즉 $1 = \frac{x^2}{2}$이므로 $x^2 = 2$이다. 따라서 $x = \sqrt{2}$이므로 변의 비는 $1 : \sqrt{2}$이면 된다. 실제 인쇄나 복사에 사용하는 A규격, B규격 용지는 접거나 잘라도 비율이 변하지 않는 닮음의 원리로 크기를 정하고 있다. 예를 들어 A3 용지를 절반으로 접으면 A4 용지가 된다. 처음 모양이 바뀌지 않으면서도 더 작은 크기로 만들 수 있는 편리한 원리인 것이다.

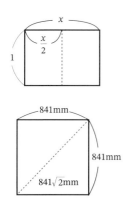

A규격, B규격 용지 결정법

실제 A규격은 넓이가 $1m^2$이고 변의 비가

1 : $\sqrt{2}$인 종이를 A0판으로 놓고 시작한다. 이를 실제로 재보면 841mm×1189mm이다. 이때 841mm만 재 놓으면 다른 한 변의 길이는 841mm를 한 변으로 하는 정사각형의 대각선을 그어(1189≒$\sqrt{2}$×841) 만들 수 있다. 굳이 1189mm라는 치수를 잴 필요도 없고, 오히려 대각선을 활용하는 것보다 부정확해진다.

이처럼 $\sqrt{2}$의 길이는 자로 재는 것으로는 만들 수 없지만, 기하학으로는 매우 쉽게 만들 수 있는 수다. 이것이 기하학의 위력이다. 재지 않아도 만들 수 있다는 것은 수학 고유의 특징이기도 하다. 앞서 설명한 종이의 크기는 이차방정식의 해로 구했는데, 이처럼 이차방정식이나 이차함수는 최대 넓이 또는 최소 넓이를 구하는 문제에서 반드시 나온다. 이차방정식은 근의 공식이 있어서 어떤 식이 제시되든 반드시 풀린다. 단, 경우에 따라 복소수의 개념을 활용해야 한다. 따라서 해가 복소수가 될 때도 있다.

$$ax^2+bx+c=0 \ (a \neq 0)$$

이 식의 해 x는 널리 알려진 다음 식으로 구할 수 있다.

$$x = \frac{-b \pm \sqrt{b^2-4ac}}{2a} \ (근의 공식)$$

이처럼 $\sqrt{\ }$와 +, −, ×, ÷라는 기호를 써서 해를 구하는 것을 '대수적으로 풀린다.'라고 한다. 근의 공식의 일반형은 16세기 기호 대수의 선구자인 비에트가 처음으로 생각했다. 또한 ±라는 복호는 1629년에 프랑스의 지라르가 처음으로 썼다. 삼차방정식에서는 이탈리아의 카르다노가 만든 근의 공식이 있다.

이와 같은 근의 공식은 사차방정식까지는 존재하지만, 오차방정식 이상이 되면 $\sqrt{\ }$를 취하고 $+$, $-$, $\times$, $\div$를 계산하는 것만으로는 해를 구할 수 없다. 다시 말하면 오차방정식 역시 복소수 범위에서 반드시 해가 '존재한다는' 사실은 다른 방법으로 알 수 있지만, 해를 '구하는' 일반적인 수단은 없는 것이다. 이는 거대한 암석에 금이 들어 있다는 사실을 알더라도 꺼낼 방법이 없는 것과 마찬가지다.

수학에서 해가 있는지 없는지 판정하는 것(해의 존재성)과 해를 구체적으로 구하는 방법을 확립하는 것은 별개의 일이다. 어느 쪽이 쉬운지는 딱 잘라 말할 수 없지만, 있는지 없는지도 모르는 해를 구하는 것은 밑 빠진 독에 물 붓기나 마찬가지이므로 해의 존재 여부 자체를 판별하는 것 역시 매우 중요한 일이다.

Column
피타고라스의 정리와 역

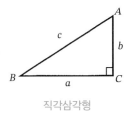
직각삼각형

$\angle C = 90°$ 라면
$c^2 = a^2 + b^2$가 성립한다.
역으로
$c^2 = a^2 + b^2$라면 $\angle C = 90°$ 이다.

π

π 덕분에 부자가 된 파이 가게

π는 원주율을 나타내는 기호다. 이 기호는 18세기에 영국의 윌리엄 존스가 《신 수학 입문》에서 사용했는데, 실제로는 오일러 등장 이후에 정착했다. 그리스어로 둘레를 뜻하는 $\pi\epsilon\rho\iota\psi\epsilon\rho\epsilon\iota\alpha$(페립세리아)에서 따왔다는 설도 있다. 참고로 반지름을 나타내는 r(radius)은 라틴어로 광선이라는 뜻이다. 1569년에 프랑스의 라메가 처음 사용했다. 그 뒤 비에트도 사용하면서 17세기 말에 정착했다.

원주율은 원둘레에 대한 지름의 비($\frac{원둘레}{지름}$)이다. 원의 반지름과 상관없이 이 비율이 일정하다는 사실은 머나먼 기원전 시대부터 알려져 있었다. 그러나 이 비율은 3.141592…라는 무리수이자 한없이 이어지는 수이므로 정확히 써서 나타낼 수는 없다. 따라서 원의 넓이도 정확한 값을 구할 수 없기 때문에 어디까지나 근삿값이다. 그래서 고대 때부터 근삿값을 더욱 정밀하게 계산해 왔고, 근삿값을 더 보기 좋게 나타낼 수 있는 분수(유리수)를 찾게 되었다.

고대 그리스의 프톨레마이오스는 $3\frac{17}{120}=3.1416\cdots$이라는, 원주율을 나타내는 분수를 구했다. 이처럼 원주율을 분수로 쓴 이유는 문화의 차이도 있지만, 소수가 발달하지 않았던 옛날에는 분수로 나타내는 편이 표기나 계산에 편리했기 때문이라고 추측된다.

그보다 더 옛날, 고대 그리스 시대의 아르키메데스라는 수학자는 원에 각의 개수를 늘려가며 내접하는 정다각형과 외접하는 정다각형을 그렸다. 그러면 각의 개수가 늘어날수록 정다각형의 둘레가 원의 둘레와 점점 가까워지는데, 이 방법으로 원둘레 길이에 대한 지름의 비를 알아내 원주율을 구했다. 그는 정육각형에서 시작해 변의 수를 2배씩 늘려 정96각형까지 계산했고, π가 $3\frac{10}{71}\sim3\frac{10}{70}$사이에 있다는 사실을 밝혀냈다. 그 뒤로 이 기술은 원주율을 구하는 가장 일반적인 방법이 되었다.

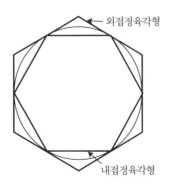

외접정육각형

내접정육각형

원의 외접정육각형과 내접정육각형

많은 사람이 이 방법을 좀 더 정밀하게 고쳐서 π 구하기에 도전했다. 5세기에 중국의 수학자 조충지는 355/113=3.1415929…를 얻었다. 일본의 다케베 가타히로는 1722년에 정1024각형을 계산해 소수점 아래 40자리 이상을 구해냈다. 그러나 다케베보다 200년이나 더 빠른 16세기에 π 계산의 전환점이 된 사건이 있었다.

프랑스의 변호사였던 프랑수아 비에트는 60진법의 소수를 10진수로 바꾸거나 미지량(알 수 없는 양)에 모음 문자를, 기지량(알고 있는 양)에 자음 문자를 쓰는 등 연산에 기호를 가장 먼저 사용한 사람이다. 음수(negative)와 계수(coefficient)라는 용어를 도입했고, 삼각함수 $\sin x$와 $\cos x$, 배각 공식 등 다양한 식을 유도해 냈다. 이 수많은 업적이 놀랍게도 전문 수학자가 아닌 변호사가 이룩한 것이었다. 이 시대에 살았던 지식인들의 교양을 엿볼 수 있는 일화이기도 하다. 그는 정 393216 ($=6×2^{16}$)각형을 사용해서 3.1415926535~3.1415926537을 얻었다. 하지만 π에 대한 그의 업적은 사실 단순히 더 가까운 값을 구한 것이 아니라, π의 근사식을 무한 곱셈으로 얻을 수 있는 해석적 표현인 '무한곱'을 발견했다는 것이다. 그가 만든 식은 다음과 같다.

$$\pi = \cfrac{2}{\sqrt{\cfrac{1}{2}}\;\sqrt{\cfrac{1}{2}+\cfrac{1}{2}\sqrt{\cfrac{1}{2}}}\;\sqrt{\cfrac{1}{2}+\cfrac{1}{2}\sqrt{\cfrac{1}{2}+\cfrac{1}{2}\sqrt{\cfrac{1}{2}}}}\;\sqrt{\cdots}}$$

이 식은 실제 π의 값을 구하는 데는 거의 힘을 쓰지 못했지만, 'π

의 해석적 근사'라는 완전히 새로운 방향을 제시했다. 그 후 π는 미적분이라는 강력한 도구가 등장하면서 해석적 기법을 활용해 온갖 무한 곱이나 무한급수 전개를 만들어낼 수 있게 되었다.

그중에는 사분원으로 둘러싸인 부분의 넓이를 나타내는 식,

$$\int_0^1 \sqrt{1-x^2}\mathrm{d}x = \frac{\pi}{4}$$

에서 좌변의 $\sqrt{1-x^2}$을 급수 전개하고 항별로 적분해서 오랜 씨름 끝에 발견해 낸 아래와 같은 월리스 공식도 있다.

$$\frac{\pi}{2} = \frac{2}{1} \cdot \frac{2}{3} \cdot \frac{4}{3} \cdot \frac{4}{5} \cdot \frac{6}{5} \cdot \frac{6}{7} \cdot \cdots$$

참고로 π 기호를 보급한 사람은 오일러라는 수학자다. 그는 π에 관한 다양한 공식을 만들어냈는데, 그중 수학 역사상 가장 아름답다고 하는 0과 1, 허수 i와 π를 연결한 오일러의 등식이 있다.

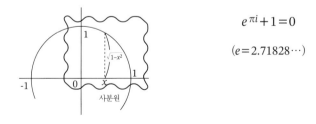

$$e^{\pi i} + 1 = 0$$
$$(e = 2.71828\cdots)$$

사분원의 넓이를 적분으로 생각하기

여기서 *e*는 π와 같은 무리수의 일종으로 '자연로그의 밑'이라고 한다.(8장과 9장 참고) 이 값은 다음 오일러 등식에서 *x*=π로 두면 얻을 수 있다.(10장 참고)

$$e^{xi}=\cos x + i \sin x \text{(오일러 공식)}$$

그런데 어느 날 π를 둘러싼 소동이 있었다. 1897년에 미국 인디애나주에서 π의 값을 제정하는 법안이 제출되었고 만장일치로 가결되었다. 아쉽게도 지금은 당시의 조문을 직접 확인하지 못하지만, 베크만의 책《π의 역사》에 이 이야기가 담겨 있다.

법률의 첫 문서에는 '원의 넓이와 원둘레의 4분의 1의 길이를 한 변으로 하는 정사각형의 넓이는 같다.'라고 되어 있었다고 한다. 이렇게 되면 π는 4가 되고 만다. 이러한 법안이 가결되는 것에 비하면 대통령 선거 표 계산이 틀리는 것 정도는 아무것도 아닌 일이다!

그때 우연히 주지사를 방문했던 수학자가 그 말을 듣고 깜짝 놀라 끈질기게 설명한 끝에 그 의제는 간신히 무기한 연기되었다고 하는데, 만약 이 법안이 채택되었다면 분명 인디애나에서 파이가 불티나게 팔렸을 것이다.

파이 가게는 둥근 파이 하나를 만드는 데 어느 정도 파이 반죽이 필요한지 구하기 위해 π를 4로 놓고 한 개의 가격을 매겼을 것이다. 그러나 사실 π=3.14…이므로 준비한 파이 반죽으로 더 많은 파이를 만들 수 있다. 그야말로 쏠쏠한 '파이 이야기'인 셈이다.

절대 정확한 값을 구할 수 없다는 사실은 누구나 알고 있지만, 그럼에도 여전히 π를 구하는 작업이 이어지고 있다. 2019년 3월 14일 기준 세계 기록 보유자는 당시 구글에서 엔지니어로 근무하던 일본인 이와오 엠마 하루카다. 그 전의 기록을 크게 웃도는 31조 4,159억 2,653만 5,897자리까지 계산했다. 실용적으로 생각하면 기껏해야 소수점 아래 4자리만 알아도 충분하지만, 사람들이 π에 이렇게까지 집착하는 것은 말로 설명할 수 없는 π의 마력 덕분이 아닐까?

sin, cos, tan

하늘에서 땅으로 내려온 삼각형

sin, cos, tan는 sin x, cos x, tan x처럼 x와 함께 표현된다. 이때 x는 보통 각도를 나타내며, sin, cos, tan는 직각삼각형에서 이웃한 두 변의 길이의 비를 의미한다. 이들을 삼각비라고 하며 이 삼각비를 변의 길이에서 좌표 평면으로 확장한 개념을 삼각함수라 부른다. 직각삼각형 ABC가 있다고 가정해 보자.

$$\sin x = \frac{BC}{AC}, \cos x = \frac{AB}{AC}, \tan x = \frac{BC}{AB}$$

이때 직각삼각형을 생각해야 하는 이유는 $\sin x = \dfrac{BC}{AC}$에서 우변의 값 $\dfrac{BC}{AC}$는 직각삼각형의 크기와 상관없이 x라는 각도만 고려해 정해지기 때문이다. 이는 '한 각의 크기가 x인 직각삼각형은 서로 닮았다'라는 사실을 이용한 것이다.

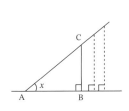 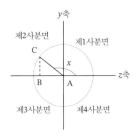

직각삼각형과 삼각함수

　　직각삼각형에서의 모든 각은 90°를 넘지 않기 때문에 x가 90° 이상일 때는 삼각형을 좌표에 나타내고, 좌표상의 음수와 양수를 고려해서 정한다. $x > 90°$일 때 x가 180° 이하라면 위 그림과 같이 제2사분면에 나타난다. 이때 길이 AC는 원의 반지름 r이므로 무조건 양수이다. 길이 BC는 y값이 양수이므로 양수가 되고, 길이 AB는 해당하는 좌표 값이 음($-$)이므로 음수가 된다. 이렇게 각 삼각함수 값의 부호를 정한다. 그렇게 하면 x를 움직일 때 $\sin x$, $\cos x$의 값을 끊기는 곳 없이(연속적으로) 나타낼 수 있다. 단, $\tan x$는 $x = 90°$(AB=0)에서 그 값을 정의할 수 없다. 즉 $90° \leq x \leq 180°$라면 아래와 같이 정리할 수 있다.

$$\sin x = \frac{BC}{AC}, \cos x = \frac{-AB}{AC} = -\frac{AB}{AC},$$
$$\tan x = \frac{BC}{(-AB)} = -\frac{BC}{AB}$$

쩨나 복잡하고 체계적이라 현대적인 개념처럼 보이지만, 의외로 삼각함수의 기원은 아주 먼 옛날이다. 고대 사람들은 사막을 넘고 바다를 건너 교역을 했으므로 해나 달, 별의 움직임을 이정표로 삼아야 했다. 농경 사회에서는 작물을 잘 재배하기 위한 연간 달력도 매우 중요했다. 이 정보들이 모두 천문학을 바탕으로 한다는 것은 말할 필요도 없다.

사람들의 생활에 밀접하고 중요한 정보를 얻으려면 별의 움직임을 관측하고 정확하게 파악할 필요가 있었다. 이러한 노력으로 더 정확한 정보를 확보하는 계산 방법이 발달했는데, 이 방법을 '삼각법'이라고 부르며 삼각형의 변과 각 사이의 관계를 구하는 계산법이다. 삼각법은 이처럼 천체 관측이나 측량 등을 위해 처음 개발되었다. 고대 문명이 발생한 중국, 인도, 바빌로니아, 이집트에서 삼각법이 발달한 것도 천체 관측 때문이었다.

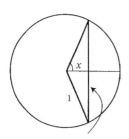

옛날에는 sin을 '정현'이라고 불렀다. 정현은 화살표가 가리키는 현의 길이를 의미하며, 이때 정현의 값은 $2\sin x$가 된다.

중심각에 대한 현의 사고법

그러나 삼각함수를 처음부터 직각삼각형의 변의 비로 생각했던 것은 아니다. 앞서 설명한 것처럼 직각삼각형을 이용해 정의를 내린 것은 16세기 독일의 레틱스가 처음이다. 심지어 지금처럼 함수에 포함된 것은 18세기 이후다. 그전까지는 그저 중심각에 대한 현의 길이로 인식되었고, 그 현의 길이를 계산하는 것이 주된 목

표였다. 이때 현의 길이는 오늘날 말하는 sin x의 두 배였다.(48쪽 그림 참고)

기원전 2세기, 고대 그리스의 히파르코스는 처음으로 예각에 대한 정현표를 만들었다. 지금으로 따지면 원의 중심각에 대한 현의 길이를 계산한 표다. 히파르코스가 만든 실제 표는 현재 남아 있지 않지만, 약 400년이 지난 2세기에 프톨레마이오스가 쓴 천문학 책《알마게스트》에 그 일부가 실려 있다.

그들은 오늘날처럼 직각삼각형 그 자체로 계산해서 구하지 않았다. 원에 내접하는 정다각형의 변과 반지름의 관계를 이용하거나, 원에 내접하는 도형의 기하학적 성질을 이용해서 중심각에 대한 현의 길이를 계산했다.

그 뒤 인도나 중동으로 전해지면서 점점 더 정확한 표가 만들어지고 활용되었다. 13세기 페르시아의 나시르 알딘 무함마드 알투시라는 긴 이름의 수학자가 그의 책《완전한 사변형에 대한 논문》에서 처음으로 삼각법의 결과를 천문학에서 독립시켜 수학적인 입장에서 설명했다. 그것이 15세기에 독일의 레기오몬타누스(요하네스 뮐러)에게 큰 영향을 주었다고 한다. 레기오몬타누스 역시《알마게스트》를 라틴어로 번역해서 평면이나 구면 위의 삼각법을 천문학에서 독립시켜 연구했다.

18세기에 이르러 오일러라는 수학자가 삼각법을 오늘날과 같은 함수의 개념으로 발전시켰다. 삼각함수(trigonometric functions)라는 용어는 오일러의 후계자인 클뤼겔이 만들었다. 삼각함수에 관한 기본적인 관계를 나타내는 식은 다음과 같다.

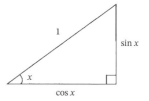

$$\sin^2 x + \cos^2 x = 1$$

이 식은 피타고라스의 정리와 정확히

일치한다. 이 외에도 삼각함수에서 다루는
여러 가지 기본적인 관계식의 대부분에 피타고라스의 정리가 활용된
다. 코사인 정리 역시 피타고라스의 정리를 기초로 하고 있다. 중학교
기하학에서 피타고라스의 정리를 가장 중요하게 다루는 이유가 이 때
문이다.

$$\frac{a}{\sin A} = \frac{b}{\sin B} = \frac{c}{\sin C} = 2R \text{ (사인 법칙)}$$

$$a^2 = b^2 + c^2 - 2bc \cos A \text{ (코사인 법칙)}$$

$$(^*A = \frac{\pi}{2}\text{이면 피타고라스의 법칙})$$

sin이라는 용어는 라틴어 sinus에서 왔
다. 원래는 인도어로 '절반의 현'이라는 뜻을
지닌 '아르도지바'에서 유래했는데, 아랍어로
번역되면서 활 모양이라는 뜻의 '자이브'가
되었고 12세기부터는 아랍어에서 같은 뜻의
라틴어 sinus로 번역되었다. cos는 사인을 보

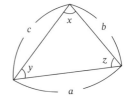

완한다는 뜻의 complementi-sinus를 짧게 줄인 co-sinus에서 온 듯하다. 이를 처음 쓴 사람은 16세기 영국의 건터다.

sin x나 cos x는 오늘날 미적분학이 발달하면서 매클로린 전개(32장 참고)를 사용해 다음과 같이 무한으로 이어지는 다항식으로 나타낼 수 있다는 사실이 알려져 있다. 이를 급수 전개라고 한다.(단, x의 단위는 라디안)

$$\sin x = x - \frac{1}{3!}x^3 + \frac{1}{5!}x^5 - \frac{1}{7!}x^7 + \cdots$$
$$\cos x = 1 - \frac{1}{2!}x^2 + \frac{1}{4!}x^4 - \frac{1}{6!}x^6 + \cdots$$

이 식에 따르면 삼각함수 표가 없어도 x에 대한 sin x나 cos x의 값을 필요한 만큼 정밀하게 구할 수 있다. 실제로 고등학교나 대학교 교재에 다음 식이 쓰여 있는 것을 본 사람도 있을 것이다.

$$\sin x \approx x - \frac{1}{3!}x^3 = x - \frac{1}{6}x^3$$
$$\cos x \approx 1 - \frac{1}{2!}x^2 = 1 - \frac{1}{2}x^2$$

간단히 말해, 이 다항식의 x에 값을 넣어 계산하면 sin x나 cos x의 근삿값을 얻을 수 있으므로 일일이 변의 길이로 구할 필요가 없다. 이렇게 삼각함수는 측정에서 해방되어 단순 계산으로 그 값을 구할 정도로 효율이 높아진 것이다. 급수 전개로 미분이 가능한 함수는 어떤 함수든 결국 다항식으로 고칠 수 있다는 점을 생각해 보면 대단한 발견이다.

삼각함수는 파동이나 소리를 인식이 가능한 형태로 나타내기 위해 없어서는 안 될 존재가 되었다. 파동이나 소리는 모두 삼각함수 몇 가지를 조합해 얻을 수 있기 때문이다. 예를 들면 푸리에 급수가 여기에 해당한다.

옛날 천문학에서 하늘에 있는 것들을 계산하던 삼각법은 이제 지상에 내려와 기술 혁신을 짊어진 중요한 함수가 되었다.

$$1\text{라디안} = \frac{180°}{\pi} \fallingdotseq 57°$$

$$1° = \frac{\pi}{180}\text{라디안}$$

라디안

$\sin x$, $\cos x$, $\tan x$를 도형에서 떼어내 일반적인 실수를 변수로 갖는 함수로 생각하려면 x를 각도가 아니라 길이로 보는 것이 좋다. 실제로 그렇게 해야 더 편리하다.

반지름의 길이가 1인 원에서 그 반지름과 길이와 호의 길이가 같은 부채꼴의 중심각 크기를 1라디안으로 정하고, 이 단위로 각도를 나타내는 방법을 호도법이라고 한다. 1라디안은 $(180°/\pi)=$ 57.2957…°이다. 반대로 1°는 $\frac{\pi}{180}$라디안이다. 반지름을 1로 한정할 필요는 없지만, 부채꼴의 중심각이 정해지면 원둘레에 대한 호의 비율은 반지름 크기와 상관없이 일정하게 정해지므로 반지름 1이면 충분하다. 라디안이라는 말은 라틴어로 radius(반지름)에서 왔으며 19세기 영국의 제임스 톰슨이 도입했다.

ln, log

줄이고, 바꾸고, 뒤집어라

log나 ln은 로그(logarithm)를 나타내는 기호다. 로그는 원래 자릿수가 매우 큰 수를 계산하고 처리하려는 목적으로 고안되었다. 큰 수를 얼마나 정확하게 계산할 수 있는지는 컴퓨터가 없던 중세 시대에 무척 중요한 일이었다.

만약 임의의 실수 r에 대해서도 10^r이 계산되어 있다고 하자. 어떤 큰 수 x와 y가 있을 때, $x=10^r$, $y=10^s$를 만족하는 r과 s를 찾을 수 있다면 $x \times y = 10^r \times 10^s = 10^{r+s}$이므로 $r+s$만 계산하면 10^{r+s}의 값으로 매우 큰 수인 $x \times y$를 계산한 셈이 된다. 이처럼 어떤 수 x에 대해 $x=10^r$이 성립하는 r을 찾는 것을 '10을 밑으로 하는 x의 로그'라고 하고 $r=\log_{10} x$라고 쓴다.

중세 시대 이후 영국을 중심으로 식민지 정책이나 해외 교역이 활발해지면서 항해술이 발전했고, 이 흐름에 맞춰 더욱 정확한 천문 관측 기술이 필요했다. 시대의 요구에 따라 로그의 발명자인 영국의 네이피어는 무려 20년이나 걸려 로그표를 완성했다. 당시 사람들에게 이 표는 컴퓨터 발명에 버금가는 사건이었을 것이다.

그러나 사실 네이피어가 만든 로그표의 밑은 10이 아니었다. 나중에 그의 친구인 브릭스가 상용로그(10을 밑으로 하는 로그)표를 만들어 네이피어의 로그표를 훌륭하게 대체했지만, 네이피어의 발명이 획기적이었다는 사실은 의심할 여지도 없다.

로그의 원리는 간단히 말해 곱셈을 덧셈으로, 나눗셈을 뺄셈으로 고쳐서 계산하는 것이다. 큰 수의 곱셈과 나눗셈을 덧셈이나 뺄셈으로 고치면 계산 속도와 정확도가 올라간다는 장점이 있다.

이 아이디어는 원래 두 가지 수열을 비교하는 데서 시작했다고 한다. 기원전에 쓰인 아르키메데스의 책《모래알 계산자》에 이미 그 발상이 있었다고 하니 큰 수의 계산은 아주 옛날부터 실용적으로 중요했다고 추측할 수 있다. 예를 들어 다음과 같은 경우를 생각해 보자.

0	1	2	3	4	5	6	7	8	9
↓	↓	↓	↓	↓	↓	↓	↓	↓	↓
10^0	10^1	10^2	10^3	10^4	10^5	10^6	10^7	10^8	10^9

$10^3 \rightarrow 3,\ 10^5 \rightarrow 5 \Rightarrow 10^3 \times 10^5 = 10^8 \rightarrow 8 = 3 + 5$ (곱셈→덧셈)

$10^7 \rightarrow 7,\ 10^4 \rightarrow 4 \Rightarrow 10^7 \div 10^4 = 10^3 \rightarrow 3 = 7 - 4$ (나눗셈→뺄셈)

위와 같이 쓸 수 있다. 즉 n에 대해 10^n을 대응시키는 것을 지수함수라고 부르는데, 로그란 정확히 그 역의 관계를 가리키는 개념이다. 따라서 곱셈은 더하기로, 나눗셈은 빼기로 바꾸는 방법으로 지수함수의 역을 생각하면 된다. 한마디로 지수함수에서 지수만 골라내는 함수를 생각하면 되는 셈이다.

일반적으로 지수함수는 어떤 양수 a를 생각하고, x에 대해 a^x를 대응시키는 함수 $y=a^x$를 말한다. 그 역을 로그함수라 부른다. 다시 말해 위에서 10^3에 3을 대응시킨 것처럼, $x=a^y$인 x에 대해 그 지수 y를 대응시키고 이것을 $y=\log_a x$로 나타낸다. 이 양수 a를 로그의 밑이라고 하고, y는 a를 밑으로 하는 x의 로그라고 한다.

특히 $a=10$일 때를 '상용로그'라고 부르고 $\log_{10} x$로 표기한다. 또한 $a=e(2.718\cdots)$일 때를 '자연로그'라고 한다. 이때는 단순히 $\log x$ 또는 $\ln x$라고 표기한다.(9장 참고)

1624년에 독일의 케플러가 Log라는 기호를 처음 썼고, 그 뒤 오일러가 상용로그에 log를 썼으며 다른 밑의 로그로 l을 썼다. 한편 로그(logarithm)는 네이피어가 고안한 용어인데, 그리스어로 logos(관계)와 arithmos(수)를 합친 것이라고 한다.

더 일반적으로는 임의의 양수 u, v에 대해 다음 성질을 만족하는 함수 f를 로그함수라고 한다.

$$f(uv)=f(u)+f(v) \quad (\text{곱셈을 덧셈으로}) \cdots (1)$$

이 사실에서 다음 식을 이끌어낼 수 있다.

$$f(u^n)=f(u)+f(u^{n-1})=f(u)+f(u)+f(u^{n-2})=\cdots$$
$$=nf(u)$$

로그함수의 연속성을 가정한다면 n은 자연수뿐만 아니라 음수나 분수, 심지어 임의의 실수여도 상관없다.

지금 $f(a)=1$이 되는 a를 고정하면, $f(a^n)=nf(a)=n$이기 때문에 f는 a의 지수함수 $y=a^x$의 역함수(지수를 골라낸 함수)라는 사실을 알 수 있다. 또한 식 (1)에서 $u=v=1$이라고 하면, $f(1\cdot1)=f(1)=f(1)+f(1)$이므로 $f(1)=0$이다.

게다가 $v=\dfrac{1}{u}$이라고 하면, $f(1)=f(u\cdot\dfrac{1}{u})=f(u)+f(\dfrac{1}{u})$가 되고, $f(1)=0$이기 때문에 $f(\dfrac{1}{u})=-f(u)$가 된다. 이러한 사실을 정리하면 다음이 성립한다.

$$f(\frac{u}{v})=f(u\cdot\frac{1}{v})=f(u)+f(\frac{1}{v})=f(u)-f(v)$$

'곱셈→덧셈'이 되는 (1)의 성질로 '나눗셈→뺄셈'이 되는 성질까지 이끌어낼 수 있다. 로그의 원리는 네이피어의 발명보다 훨씬 더 늦게 다른 곳에서도 발견되었다. 곡선으로 둘러싸인 넓이나 부피를 구하는 것은 예로부터 숙제로 남아 있었는데, 17세기에 다양한 발견이 있었다. 그중 1647년에 영국의 그레고리가, 1649년에 벨기에의 사라사가 쌍곡선 $y=\dfrac{1}{x}$ 과 x축, $x=1$, $x=a$로 둘러싸인 부분의 넓이를 $s(a)$로 나타내면 $s(a)$는 다음과 같은 성질을 갖고 있다는 사실을 발견했다.

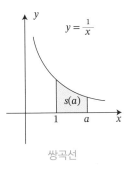

쌍곡선

$$s(a)+s(b)=s(ab)$$

이는 위에서 설명한 (1)을 만족하는데, $s(x)$가 로그함수라는 사실이 발견된 것이다. 이 로그함수가 바로 자연로그라 불리는 것이며, 이 용어는 17세기 이탈리아의 피에트로 맹골리가 지었다.

$y=\dfrac{1}{x}$과 x축, $x=1$, $x=a$로 둘러싸인 부분의 넓이가 1이 되는 점 a 를 e라고 쓴다. 즉 $s(e)=1$이다. 그리고 그 값은 $e=2.718281828459\cdots$ 이며 무한으로 이어지는 소수이자 무리수이다.

$s(e)=1$이라는 것은 곧,

$$s(e^{n})=s(e)+s(e)+\cdots+s(e)=1+1+\cdots+1=n$$

이 되어 지수함수 $y=e^{x}$의 역함수이므로 이 로그의 밑은 e이며 다음이 성립한다.

$$x=s(y)=\log_{e}y=\log y=\ln y$$

e

오일러라고 쓰고 네이피어라고 부르다

*e*는 자연로그의 밑으로 '네이피어의 수'라고도 불린다.

$$e = 2.718281828459045\cdots$$

이 수가 무리수라는 사실은 1744년에 스위스의 오일러가 증명했고, 유리수를 계수로 하는 대수방정식의 해가 되지 않는다는 사실은 1873년에 프랑스의 에르미트가 증명했다.(이러한 수를 초월수라고 한다.) 오일러는 네이피어가 생각한 로그의 밑에서 다음 식을 발견했다.

$$e = \lim_{n \to \infty} (1 + \frac{1}{n})^n$$

네이피어가 로그표를 만들 때 선택한 밑은 $1 - 10^{-7} = 0.9999999$이다. 이러면 1과 너무 가까워서 계산하기가 어려우므로 실제 로그 계산을 할 때는 10^7을 곱해서 계산했다.

$$x = 10^7 (1 - 10^{-7})^y = 10^7 \{(1 - 10^{-7})^{10^7}\}^{\frac{y}{10^7}}$$

즉 이렇게 된다.

$$\frac{y}{10^7} = \log_{(1-10^{-7})^{10^7}} \frac{x}{10^7}$$

그런데 $(1 - 10^{-7})^{10^7}$은

$$e^x = \lim_{n \to \infty} (1 + \frac{x}{n})^n \ (x = 1 일 \ 때가 \ e = \lim_{n \to \infty} (1 + \frac{1}{n})^n)$$

이 식에서 $n = 10^7$과 $x = -1$을 대입한 값과 같으며, 10^7이 상당히 큰 수이므로 $e^{-1} (= \frac{1}{e})$과 가까운 수가 된다. 이것이 네이피어의 밑을 e의 역수라고 부르는 이유다.

이런 이유로 네이피어 자신이 직접 자연로그의 밑 e를 생각해 내지 않았는데도 e를 네이피어의 수라고 부르게 되었다. e라는 기호는 오일러가 1736년에 처음 도입했는데, 로그의 정의는 오일러가 내렸으므로 오일러(Euler)의 이름에서 E를 따 e가 되었다. 즉 쓸 때는 오일러, 읽을 때는 네이피어의 이름을 붙여서 한 기호로 두 수학자를 동시에 기리고 있는 셈이다.

　　e를 계산할 때는 다양한 방법이 있는데, 현재 알려진 것 중에서는 뉴턴이 생각해 낸 다음 급수를 이용하면 가장 효율적으로 e와 가까운 값을 얻을 수 있다. 이 급수를 적당한 곳에서 잘라 계산기로 계산해 보자.

$$e = 1 + \frac{1}{2!} + \frac{1}{3!} + \frac{1}{4!} + \cdots$$

　　e가 익숙하지 않은 사람도 있겠지만, 사실 e가 들어 있는 공식은 셀 수 없을 정도로 많다. e에 관한 더 자세한 내용은 32장에서 다루겠다.

i

수학에 힘을 불어넣은 거짓말

*i*는 $\sqrt{-1}$을 말하며 허수단위라고 불린다. 말 그대로 제곱하면 -1이 된다는 뜻을 지닌 기호다. 이런 일은 1 같은 실수에서는 일어나지 않는다. 그래서 실수와는 다른 새로운 수를 만드는 재료가 된다는 뜻으로 '단위'라고 부르며, 단위 *i*를 사용해서 $2+3i$라는 식으로 표현한 것을 복소수(complex number)라고 부른다.

기호 *i* 역시 오일러가 사용했는데, 18~19세기의 수학자 가우스 이후에 널리 보급되었다. 서양에서는 루트 안이 음수가 되는 이 수를 '상상 속의', '이상적인'이라는 뜻으로 imaginary number라고 불렀는데, 이를 한자로 옮기면서 '허수'가 되었다. 다만 '허'라는 한자가 거짓, 허구를 뜻하는 탓에 한자 문화권인 우리는 가끔 불편한 상황을 겪기도 한다.

"허수가 거짓 숫자라는 뜻이라던데, 진짜도 아닌 걸 공부해서 뭐

해요?"

요즘 학생들은 꽤나 까다롭다.

"거짓도 방법이 될 수 있어."

라고 당당히 말하고 싶지만, 거짓을 정말 정당한 방법이라고 학생들에게 가르칠 수 있는지 생각해 보면 민망하기도 하다.

아무튼 허수는 16세기부터 주목받기 시작했는데, 카르다노가 풀어낸 삼차방정식의 근의 공식(1545년) 이후다. 이를 카르다노의 공식이라고 한다.

$$x^3 + ax^2 + bx + c = 0$$

이 식을 풀 때 $x = y - \dfrac{a}{3}$ 로 두면 다음 방정식을 얻는다.

$$y^3 + py + q = 0$$

단, $p = -\dfrac{a^2}{3} + b$, $q = \dfrac{2}{27}a^3 - \dfrac{ab}{3} + c$ 이다. 여기서

$$\alpha = -\frac{q}{2} + \frac{1}{2}\sqrt{q^2 + \frac{4}{27}p^3}, \ \beta = -\frac{q}{2} - \frac{1}{2}\sqrt{q^2 + \frac{4}{27}p^3}$$ 가 되고,

$\sqrt[3]{\alpha}\sqrt[3]{\beta} = -\dfrac{p}{3}$ 가 되는 것을 생각하면 다음이 해가 된다.

$$\sqrt[3]{\alpha} + \sqrt[3]{\beta}, \ \omega\sqrt[3]{\alpha} + \omega^2\sqrt[3]{\beta}, \ \omega^2\sqrt[3]{\alpha} + \omega\sqrt[3]{\beta}$$

단, ω는 ω³=1의 실수가 아닌 해라 하면 ω≠1이므로 다음과 같이 쓸 수 있다.

$$\omega = \frac{-1+\sqrt{-3}}{2}, \quad \omega^2 = \frac{-1-\sqrt{-3}}{2}$$

카르다노 이전에 이차 이상의 고차방정식이 나오지 않았던 것은 아니지만, 실용적으로는 양의 실수해만 알면 됐기 때문에 그 이외의 해는 쳐다보지도 않았다. 카르다노의 공식이 주목을 받은 이유는 그때까지 삼차방정식의 근의 공식이 없었던 것도 있지만, 이 공식에 따르면 해 자체는 실수인데 그것이 반드시 복소수 표시로 되어 있었기 때문이다.

$$\sqrt{3+4i} + \sqrt{3-4i} = \sqrt{(2+i)^2} + \sqrt{(2-i)^2} = 4$$

오늘날에는 위의 식을 알고 있으니 실수인 $\sqrt{3+4i} + \sqrt{3-4i}$ 라는 표현이 어색하지 않을지도 모른다. 그러나 지금도 "실수는 실재하는 수인데 어떻게 실재하지 않는 수의 합으로 표현돼?"라는 말을 들을 때면 참 난처하다. 카르다노의 책에는 삼차방정식 $x^3=15x+4$를 근의 공식으로 구하는 문제가 나온다. 이 방정식을 위의 공식에 대입하면, $-2+\sqrt{3}$, $-2-\sqrt{3}$이라는 두 실수해와 또 다른 실수해를 가진다는 것을 알 수 있다. 이는 다음과 같은 형태를 띠고 있다.

$$\sqrt[3]{2+\sqrt{-121}}+\sqrt[3]{2-\sqrt{-121}}=\sqrt[3]{2+11i}+\sqrt[3]{2-11i}$$

이 식을 보고 이 값이 4라는 사실을 알겠는가? 카르다노의 공식에 대입하면 실수해는 모두 이런 형태를 띠게 된다. 이 신기한 현상이 허수를 탐구하는 계기가 된 것이다.

카르다노의 공식에서 나오는 형식적인 모양 자체의 의미는 분명하지 않지만, 기본적으로는 $a+bi$라는 형태를 띤다는 것을 알아챈 셈이다. 즉 이러한 모양을 모아서 더하거나 빼거나 하는 것을 마치 문자식처럼 생각하고 계산할 수 있다. 예를 들어 나눗셈은 다음과 같다.

$$(8+5i)/(2+3i)=\frac{(8+5i)}{(2+3i)}$$

(루트 계산과 같은 요령으로 분모와 분자에 $2-3i$를 곱한다.)

$$=\frac{(8+5i)(2-3i)}{(2+3i)(2-3i)}$$
$$=\frac{(31-14i)}{13}$$
$$=\frac{31}{13}+(-\frac{14}{13})i$$

이미 루트 계산을 알았던 당시 사람들에게 이러한 형식적인 조작은 그리 특별하지 않았을 것이다. 즉

(1) $a+bi$라는 형태의 수에 덧셈, 뺄셈, 곱셈, 나눗셈을 해도 형태가 변하지 않는다.

(2) $b=0$이라면 $a+0i$를 a라고 생각했을 때 이것은 실수가 된다.

이러한 사실로 미루어 보아 $a+bi$의 형태를 띤 수는 계산상 별문제가 발생하지 않는다는 사실을 알고, 실수를 포함하는 새로운 수로 간주해 특별히 복소수라고 불렀던 것이다. 물론 그래도 그와 같은 수(복소수)가 어디에 어떻게 나타낼지 묻는다면 대답이 막힌다.

그러나 독일이 낳은 위대한 수학자 가우스는 $a+bi$를 직교좌표를 가진 xy 평면의 x축을 실수축으로, y축을 허수축으로 설정해 xy 평면 위의 점 (a, b)로 볼 수 있다는 사실을 깨달았고, 그 사실을 1799년에 학위 논문으로 발표했다. 그런데 이와 같은 사고를 한 사람이 또 있었다. 스위스의 아르강과 노르웨이의 측량 기사 베셀이다.

이렇게 지금까지 공상 속에만 존재하던 수가 실재하는 수로서 갑자기 존재 가치를 갖게 된 것이다. 즉 복소수는 평면 위의 점이며 실수는 $(x, 0)$으로서 직선 위(x축 위)의 점으로 인식할 수 있게 되었다. 복소수를 평면 위에 나타낸 것을 가우스 평면이라고 한다.

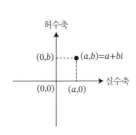

직선상의 수는 대소 관계가 있지만, 평면상의 수는 대소를 생각할 수 없다. 그 대신 원점 $O(=0+0i)$로부터 떨어진 거리를 나타내는 노름(norm)이라는 개념을 적용할 수 있다.

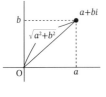

가우스 평면

복소수의 노름

$$|a+bi| = \sqrt{a^2 + b^2}$$

b가 0일 때는 $|a| = \sqrt{a^2}$가 되므로 정확히 실수의 절댓값과 같다. 따라서 실수와 같은 절댓값의 기호 | |를 이용한 것이다. 이런 이유로 $|a+bi|$를 복소수의 절댓값이라고도 한다.

두 복소수 $a+bi$와 $a-bi$를 더하면 $2a$라는 실수가 된다. 이 두 복소수를 가우스 평면에서 생각하면 실축(x축)에 대해 대칭인 위치에 있다. 이와 같은 관계에 있는 두 복소수를 서로 '켤레'에 있다고 한다. 즉 $a+bi$와 켤레인 복소수는 $a-bi$이고, $a-bi$와 켤레인 복소수는 $a+bi$이다.

이들은 다음과 같이 특별한 기호로 나타낸다. 위에 있는 작대기를 x축이라 생각하고 그 축에 대칭되는 기호라고 이해하면 된다.

$$\overline{a+bi} = a-bi$$

$$\overline{a-bi} = a+bi$$

이 기호를 사용하면 다음이 성립한다.

$$|a+bi|^2 = (a+bi)\overline{(a+bi)}, \quad |a+bi| = \sqrt{(a+bi)\overline{(a+bi)}}$$

그런데 $a+bi$를 (a, b)로 나타내기 때문에 $a+bi$는 원점에서 떨어진 거리와 x축과 이루는 각도로 정해진다. 즉

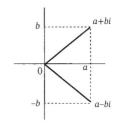

$$a=r\cos\theta, b=r\sin\theta, r=\sqrt{a^2+b^2}$$

이 되므로 다음과 같이 쓸 수 있다.

$$a+bi=r\cos\theta+ir\sin\theta$$
$$=r(\cos\theta+i\sin\theta)$$

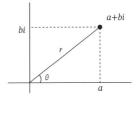

이때 θ를 복소수 $a+bi$의 편각이라고 한다.

그런데 프랑스 태생의 영국 수학자 드무아브르는 1707년에 다음과 같은 공식을 발견했다. 이를 드무아브르의 공식이라 부른다.

$$(\cos x+i\sin x)^n=\cos nx+i\sin nx$$

그러나 처음에 드무아브르 본인이 발견한 식은 이런 모양이 아니었다. 이는 나중에 오일러가 다시 쓴 식이다. 오일러는 가우스가 태어날 때쯤 세상을 떠난 18세기 최고의 수학자인데, 그는 1740년 어느 미분방정식을 연구해서 얻은 해 $2\cos x$, $e^{xi}+e^{-xi}$를 급수전개해서 다음의

관계식을 발견했다. 좌변은 실수인데 우변은 복소수로 표현되어 있다.

$$\cos x = \frac{e^{xi} + e^{-xi}}{2}$$

이 사실과 $\cos^2 x + \sin^2 x = 1$에서 다음 식을 간단히 얻을 수 있으니,

$$\sin x = \frac{e^{xi} - e^{-xi}}{2i}$$

다음 오일러 등식을 발견하기란 누워서 떡 먹기였을 것이다.

$$e^{xi} = \cos x + i \sin x$$

(오일러 등식)

이 오일러 등식에서 복소수의 극형식이라는 중요한 표기법을 얻을 수 있다.

$$a + bi = r(\cos \theta + i \sin \theta) = re^{\theta i} \quad (r = \sqrt{a^2 + b^2})$$

이처럼 평면 위의 점을 복소수라는 수로 인식할 수 있게 됐다는 것은 혁명이었다. 복소수를 지수함수 $re^{\theta i}$의 형태로 표현할 수 있게 되었고, 수로서도 매우 조작하기가 쉬워졌다.

68

이런 것들이 복소수를 변수로 하는 함수를 연구하는 복소함수론을 발전시켰고, 지금은 전기공학을 비롯한 다양한 공학 분야에서 활용하고 있음은 물론 기술 혁신을 뒷받침하는 중요한 함수가 되었다. 허수가 탄생했을 당시만 해도 누가 이런 전개를 예측할 수 있었을까?

11

Σ

게으름뱅이를 위한 선물

Σ는 그리스어로 '시그마'라고 하며 영어에서는 S에 해당한다. 덧셈의 합을 나타내는 영어 단어 sum 역시 이 머리글자에서 따 왔다. 이는 덧셈을 생략할 때 사용되는 기호인데, 오일러가 이 기호를 사용했다. 예를 들면 $1+2+3+\cdots+10$으로 쓰는 대신 이렇게 쓰는 것이다.

$$\sum_{k=1}^{10} k$$

같은 방법으로 1부터 1000까지의 합도 쓸 수 있다.

$$1+2+3+\cdots+1000=\sum_{k=1}^{1000} k$$

하지만 1부터 10까지 더하면 55, 1부터 1000까지 더하면 500,500

이 되어 그 답을 정확하고 간단하게 구할 수 있다. 이때는 종이를 절약하는 것 이외에 이 기호를 쓰는 특별한 장점이 없다. 그렇다면 이런 식은 어떨까?

$$1^2+2^2+3^2+\cdots+10^2$$

그리 쉽게 답이 나오지 않는다. 이럴 때는 우선 이렇게 써 놓으면 편리하다.

$$\sum_{k=1}^{10} k^2$$

즉 계산을 하지 않고 내버려두는 것이다. 계산 결과가 바로 필요하지 않고 하나로 통틀어서 계산하는 것이 유리할 때나, 최종 결과가 아닌 중간 경과만 나타낼 때는 시그마 기호를 쓰는 것이 편리하다.

또는 마지막 항이 일반항인 경우, 예를 들어 $1+2+3+\cdots+n$이나 $1^2+2^2+3^2+\cdots+n^2$일 때 $\displaystyle\sum_{k=1}^{n} k$나 $\displaystyle\sum_{k=1}^{n} k^2$로 쓸 수 있어 편리하다. 참고로 이들 합은 알다시피 다음과 같이 나타낼 수 있다.

$$\sum_{k=1}^{n} k=\frac{n(n+1)}{2}, \ \sum_{k=1}^{n} k^2=\frac{n(n+1)(2n+1)}{6}$$

한편 이 기호는 $\dfrac{1}{3}+\dfrac{1}{15}+\dfrac{1}{35}+\cdots+\dfrac{1}{(4n^2-1)}$과 같은 경우에도 쓸 수 있다.

$$\frac{1}{3} + \frac{1}{15} + \frac{1}{35} + \cdots + \frac{1}{4n^2-1} = \sum_{k=1}^{n} \frac{1}{4k^2-1}$$

이렇게 쓰면 일반항에만 주목해서 다음과 같이 부분 분수로 쓸 수 있다는 점에서 좋다.

$$\frac{1}{4k^2-1} = \frac{1}{(2k-1)(2k+1)}$$
$$= \frac{1}{2}\left(\frac{1}{2k-1} - \frac{1}{2k+1}\right)$$
$$\therefore \sum_{k=1}^{n} \frac{1}{4k^2-1} = \frac{1}{2}\sum_{k=1}^{n}\left(\frac{1}{2k-1} - \frac{1}{2k+1}\right)$$

마지막 식의 우변에서 k에 1, 2, 3, …을 대입하다 보면, 중간은 없어지고 처음과 마지막만 남는다. 이렇게 해서 다음과 같은 식이 나온다. 잘 이해가 되지 않는다면 직접 연필을 들고 계산해 보자.

$$\sum_{k=1}^{n} \frac{1}{4k^2-1} = \frac{1}{2}\left(1 - \frac{1}{2n+1}\right) = \frac{n}{2n+1}$$

수열 a_1, a_2, a_3, …, a_n을 더하는 경우도 마찬가지로 다음과 같이 쓴다.

$$\sum_{k=1}^{n} a_k$$

$a_1 = a_2 = a_3 = \cdots = a_n = c$(정수)의 경우는 $c + c + \cdots + c = \sum_{k=1}^{n} c$이므로

$\displaystyle\sum_{k=1}^{n} c = nc$가 된다. 이때 $1 + 2 + 3 + \cdots + n + \cdots$으로 한없이 더하는 경우에도 $1 + 2 + 3 + \cdots + \cdots = \displaystyle\sum_{k=1}^{\infty} k$라고 쓸 수 있지만, 이때는 어디까지나 형식적인 표현일 뿐이다. 이때 결과는 ∞이므로 $\sum$를 사용해서 썼다고 해도 합이 확정되지 않기 때문이다. 이런 무한항의 합을 급수(또는 무한급수)라고 한다. 그 결과가 ∞가 될 경우는 '∞로 발산한다'라고 한다.

$$1 + \frac{1}{2} + \frac{1}{4} + \frac{1}{8} + \cdots + \frac{1}{2^n} + \cdots = \sum_{k=1}^{\infty} \frac{1}{2^{k-1}}$$

한편 위의 식은 공비가 $\dfrac{1}{2}$인 무한등비급수의 합을 구하라는 뜻이고, 그 값은 2라는 값에 한없이 가까워지므로 합의 값을 2로 확정할 수 있다. 이를 '2에 수렴한다'라고 말한다.

따라서 $\sum$로 간결하게 표현하면 항이 무수히 많은 무한급수를 모두 표현하지 않아도 되지만, 한편으로는 그 값을 확정해서 다룰 수 없는 경우도 발생한다. 앞서 설명했듯이 값이 확정될 때(수렴)와 발산할 때가 있으니 다음과 같이 생각해 보자.

$$a_1 = s_1, \ a_1 + a_2 = s_2, \ a_1 + a_2 + a_3 = s_3 \cdots, \ a_1 + a_2 + a_3 + \cdots + a_n = s_n$$

(부분합의 정의)

이렇게 생기는 수열 $\{s_n\}$이 어떠한 값으로 수렴할 때, 즉 그 극한 $\displaystyle\lim_{n \to \infty} s_n$이 확정될 때, 그것을 이 급수 $\displaystyle\sum_{k=1}^{\infty} a_k$의 값으로 한다. 다시 말하면

$\lim\limits_{n \to \infty} s_n = \sum\limits_{k=1}^{\infty} a_k$ 가 되는 것이다. 그렇지 않은 경우를 발산이라고 한다.

$$\sum_{k=1}^{\infty} \frac{1}{2^{k-1}} = 1 + \frac{1}{2} + \frac{1}{4} + \frac{1}{8} + \cdots + \frac{1}{2^n} + \cdots \ 라면,$$

$$s_n = \sum_{k=1}^{n} \frac{1}{2^{k-1}} = \left\{ 1 - (\frac{1}{2})^n \right\} / (\frac{1}{2}) 가 \ 되고,$$

$$\lim_{n \to \infty} s_n = \lim_{n \to \infty} \left\{ 1 - (\frac{1}{2})^n \right\} / (\frac{1}{2}) = 2 이기 \ 때문에$$

$$\sum_{k=1}^{\infty} \frac{1}{2^{k-1}} = 2 가 \ 된다.$$

한편 $\sum\limits_{k=1}^{\infty} k = 1 + 2 + 3 + \cdots + n + \cdots$ 에서는 $s_n = \sum\limits_{k=1}^{n} k = n(n+1)/2$ 이므로 다음이 성립한다.

$$\lim_{n \to \infty} s_n = \lim_{n \to \infty} n(n+1)/2 = \infty$$

단, 수렴하지 않는다고 해서 반드시 ∞인 것은 아니라는 점에 주의하자. 예를 들어,

$$1 - 1 + 1 - 1 \cdots + (-1)^{n-1} + \cdots = \sum_{k=1}^{\infty} (-1)^{k-1}$$

이럴 때는

$$1 = s_1, \ 1 - 1 = 0 = s_2, \ 1 - 1 + 1 = 1 = s_3, \ 1 - 1 + 1 - 1 = 0 = s_4, \cdots$$

$$1 - 1 + 1 - 1 + \cdots + (-1)^{n-1} = s_n \begin{cases} = 1 \, (n이 \ 홀수) \\ = 0 \, (n이 \ 짝수) \end{cases}$$

이 수열 $\{s_n\}$은 $+1$과 0이 교대로 반복되기 때문에 값이 확정되지 않는다. 따라서 이 급수도 발산한다고 할 수 있다. 그러나 이 식을

$$\sum_{k=1}^{\infty}(-1)^{k-1}$$
$$=1-1+1-1+\cdots+(-1)^{n-1}+\cdots$$
$$=(1-1)+(1-1)+\cdots+(1-1)+\cdots$$

$$\sum_{k=1}^{\infty}(-1)^{k-1}$$

위와 같은 방식으로 생각하면 $0+0+0+\cdots+0+\cdots$가 되므로 그 값이 0이 되고 만다. 그러나 이는 $1-1=0=s_1$, $1-1+1-1=0=s_2$, $1-1+1-1+1-1=0=s_3$, $\cdots$라는 수열을 생각하는 것이 되므로 73쪽에서 언급한 급수의 정의를 위반하는 셈이다.

18세기까지는 아직 급수의 수렴성에 관해 크게 주목하지 않았다. 사실 위의 식은 $\dfrac{1}{(x+1)}$을 급수전개한 $1-x+x^2-x^3+\cdots$에 $x=1$을 대입했을 때 나오는 급수이지만, 위대한 수학자인 라이프니츠조차 이를 잘못 계산하고 $\dfrac{1}{2}$이라고 답했다.

결국 급수는 무한항의 덧셈이므로 연산 과정을 명확히 해야 한다. 급수가 수렴하지 않는 경우 푸는 사람 마음대로 더하는 순서를 바꾸거나 괄호를 치는 일은 할 수 없다.

가장 규칙적이고 단순한 것은 등차급수나 등비급수지만, 전자는 첫째 항=공차=0 이외의 경우는 발산하고, 후자는 공비의 절댓값이 1 미만이냐, 1 이상이냐에 따라 수렴과 발산으로 나뉜다.

적분도 무한급수고 함수의 전개도 무한급수다. 수학에서는 무한급수가 자주 나오기 때문에 급수의 수렴이나 발산 여부가 매우 중요하다. 따라서 급수의 수렴 발산에 관한 여러 판정 조건이 알려져 있다.

그중 '달랑베르의 판정법'이 있다. 이 방법을 고안한 18세기 프랑스의 수학자 달랑베르의 이름을 딴 것으로, 모든 항이 양수인 급수(양항급수) $\sum_{n=1}^{\infty} a_n$에서 각 n에 대해 $\frac{a_{n+1}}{a_n} \leq r < 1$이 되는 r이 존재하면 수렴하고, $\frac{a_{n+1}}{a_n} \geq r > 1$이 되는 r이 존재하면 발산한다는 것이다.

그러나 $s(s>1)$을 임의의 실수로 하고 급수 $\sum_{n=1}^{\infty} \frac{1}{n^s}$을 생각하면, 달랑베르의 판정법으로는 이 급수의 수렴성을 판정할 수 없다. 오일러는 이 급수와 소수 p에 관해 다음 등식을 발견했다.

$$\prod_p \frac{1}{1-p^{-s}} = \sum_{n=1}^{\infty} \frac{1}{n^s}$$

이 식의 좌변은 오일러 곱이라 불린다.(Π는 곱셈의 생략 기호로, 이 식의 경우에는 모든 소수에 대해 곱을 취한다는 것을 의미한다.) 독일이 낳은 19세기의 위대한 수학자 리만은 s가 복소수일 때 이 우변의 급수를 연구했다. 이것은 리만의 ζ(제타)함수라 불리며 다음과 같이 표기한다.

$$\zeta(s) = \sum_{n=1}^{\infty} \frac{1}{n^s}$$

lim

까다로운 친구와 잘 지내는 법

lim는 극한을 나타내는 영어 limit(리미트)를 줄인 기호다. 원래 5글자인 것을 단 2글자만 생략해 3글자로 나타냈으니 별로 효율적인 축약이라고는 할 수 없겠다.

이 기호는 단독으로 쓰이는 경우는 없고, →와 함께 $\lim\limits_{n\to\infty}$나 $\lim\limits_{n\to 0}$처럼 쓰인다. 이는 'n이 한없이 커진다', 'n이 한없이 0에 가까워진다'라는 뜻인데, $\lim\limits_{n\to\infty}$ 역시 단독으로 쓰이지는 않고 $\lim\limits_{n\to\infty}\dfrac{1}{n+1}$라는 형태로 쓰인다. 즉 수열 $a_n=\dfrac{1}{(n+1)}$을 생각할 때, n을 크게 하면 이 수열의 먼 미래는 어떻게 되는지를 나타내기 위해 $\lim\limits_{n\to\infty}\dfrac{1}{n+1}$로 표기한다.

단순히 'n이 한없이 커진다.'라든가 'n은 한없이 0에 가까워진다.'라는 뜻만 나타내고 싶다면 $n\to\infty$나 $n\to 0$과 같이 →만 쓴다. 무한대(∞)는 한없이 커진다는 사실을 나타내는 기호일 뿐 숫자는 아니기 때문에 일반적으로는 $n=\infty$처럼 등호가 있는 식으로는 쓰지 않는다.

$\lim\limits_{n\to\infty}\dfrac{1}{n+1}=0$이 의미하는 바는 '$n$이 한없이 커지면 $\dfrac{1}{(n+1)}$은 한없이 0에 가까워진다.'라는 것이다. '한없이'라는 말이 두루뭉술하고 수학적이지 않은 표현이라

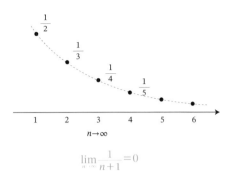

$$\lim_{n\to\infty}\frac{1}{n+1}=0$$

고 생각하는 사람도 있겠지만, $n=\infty$ 으로는 쓸 수 없고 $\dfrac{1}{(n+1)}$만 보면 아무리 n을 크게 해도 결국에는 0이 될 일이 없으니 이렇게밖에 표현할 수 없는 것이다. 그러나 한없이 가까워진다는 수학적인 표현이 없는 것은 아니다. 오늘날에는 그 방법을 이용하고 있다.

물론 수열이 아닌 함수 $f(x)=\dfrac{1}{(x-2)}$에 대해서는 $\lim\limits_{x\to 0}f(x)$나 $\lim\limits_{x\to 0}\dfrac{1}{(x-2)}$라는 식으로 쓴다. 이러한 표기는 함수의 연속성을 생각할 때나 이 함수의 개형을 알고 싶을 때 자주 쓰인다. 수학에 옳고 그림이 분명하다고 생각하는 사람들은 $x=0$일 때 $\dfrac{1}{(x-2)}$에 직접 대입해서 $-\dfrac{1}{2}$이라고 하면 끝날 테니 이 불확실한 표현을 보면 개운하지 않을지도 모른다.

실제로 $\lim\limits_{x\to 0}\dfrac{1}{(x-2)}$의 경우처럼 $\lim\limits_{x\to 0}$는 'x가 0에 한없이 가까워진다'이므로 $\dfrac{1}{(x-2)}$에 $x=0$을 대입해서 $-\dfrac{1}{2}$이라고 해도 아무런 문제가 없다.

그러나 $\lim\limits_{x\to 2}\dfrac{1}{(x-2)}$의 경우에는 $x=2$라고 하면 분모가 0이 되므로 수학의 법칙으로는 설명할 수가 없다. 따라서 'x가 2에 한없이 가까워

진다.'라고 표현할 수밖에 없다. x를 2보다 작은 쪽에서 2에 가까워지도록 하면, 실제로 숫자를 넣어 직접 계산해 보면 알 수 있듯이 음의 무한대($-\infty$)가 된다. 그러나 x를 2보다 큰 쪽에서 2에 가까워지도록 하면 양의 무한대($+\infty$)가 된다. 식으로 쓰면 이렇다.

$$\lim_{x \to 2} \frac{1}{(x-2)} = \pm \infty$$

무한대는 수가 아니니 $x = \infty$ 라고 쓰지는 않지만, 이는 'x가 2에 한없이 가까워지면 $\frac{1}{(x-2)}$의 미래는 어떻게 되는가'라는 말과 같으므로 '한없이 커진다'라거나 '한없이 작아진다'라고 대답하면 정답이고, $= \infty$ 이나 $= -\infty$ 로 표기해도 된다.

극한을 생각할 때 중요한 점은 이 경우처럼 특정 값에 가까워질 때 어떤 변화가 일어나는지를 파악하는 것이다. 마치 섬세하고 까다로운 성격의 친구를 대하듯이, 가끔은 자신을 낮추기도 하고 가끔은 반대로 높이면서 결과를 살펴보는 것이다.

단, 이때는 2보다 큰 쪽이나 작은 쪽에서 다가가는 경우이므로 $x \to 2$라고 하지 않고, 다음과 같이 $x \to 2+$ 나 $x \to 2-$ 처럼 서로 다르게 표기하는 것이 좋다.

$$\lim_{x \to 2-} \frac{1}{(x-2)} = -\infty$$

$$\lim_{x \to 2+} \frac{1}{(x-2)} = +\infty$$

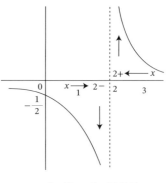

$x \to 2-$ 와 $x \to 2+$ 의 차이

수학에서의 표기는 예외 없이 모든 경우에 일반적으로 통하기 때문에 법칙에 따르기만 한다면 얼마든지 자유롭게 생각해도 좋다. 따라서 lim에 '…에 가까워진다'라는 접근법을 담아 그 답답한 표현을 통째로 받아들이는 것이다. 그렇게 하면 이 '극한을 취한다'라는 것을 산술화할 수 있다는 장점도 생긴다.

산술화할 수 있다는 의미는 수렴하는 수열 $\{a_n\}$과 $\{b_n\}$이 있을 때, lim라는 기호를 이용하면 이들을 더한 수열의 극한은 각각 수열 극한의 덧셈이 되고, 뺄셈 역시 극한의 뺄셈이 되며, 곱셈과 나눗셈 등도 똑같이 할 수 있다는 뜻이다.

$\lim_{n \to \infty} a_n = A$, $\lim_{n \to \infty} b_n = B$ 라면 다음과 같이 쓸 수 있다.

$$\lim_{n \to \infty}(a_n \pm b_n) = \lim_{n \to \infty} a_n \pm \lim_{n \to \infty} b_n = A \pm B$$

$$\lim_{n \to \infty}(a_n \times b_n) = \lim_{n \to \infty} a_n \times \lim_{n \to \infty} b_n = A \times B$$

$$\lim_{n \to \infty}(a_n / b_n) = \lim_{n \to \infty} a_n / \lim_{n \to \infty} b_n = A / B \quad (단, B \neq 0)$$

미분과 적분 모두 극한을 따지는 개념이므로 lim는 미적분에서 없어서는 안 될 존재다. 이러한 lim의 산술화는 미적분학의 발전에 지대한 공헌을 했다.

수열의 수렴을 수학적으로 엄밀하게 정의한 사람은 19세기 체코의 철학자 볼차노이며, 그것을 보급한 사람은 프랑스의 코시다. 그들은 수열 $\{a_n\}$이 A에 수렴하는 ($\lim\limits_{n \to \infty} a_n = A$)라는 사실을 다음과 같이 정의했다.

임의의 양수 ε이 주어졌을 때, 어떤 자연수 N이 존재하여 $n \geq N$이 되는 모든 자연수 n에 대해 $|a_n - A| < \varepsilon$이 성립한다.

기호로서의 lim는 스위스의 수학자 륄리에가 1786년에 쓴 책에서 처음 등장했다. 초기에는 $n \to \infty$가 아닌 $n = \infty$로 쓰였는데, 20세기 들어서 =가 →로 바뀌었다. 다만 19세기부터 20세기에 걸쳐 활약한 영국의 수학자 하디는 처음부터 지금과 똑같은 방법인 $\lim\limits_{n \to \infty} \dfrac{1}{n} = 0$과 같이 표기했다.

13

dy/dx

미분의 성장 과정

f' 또는 dy/dx는 미분법에서 사용하는 기호다. 미분은 17세기에 영국의 뉴턴과 독일의 라이프니츠가 거의 같은 시기에 각각 독자적으로 발견했다. dy/dx는 라이프니츠가 도입한 미분 기호이고, $f'(x)$는 그후에 프랑스의 라그랑주가 사용한 미분 기호다. 19세기 초반 해석학의 기초를 마련한 프랑스의 코시는 두 기호를 모두 사용했다.

물리에서 자주 사용되는 $\dot{x}$는 뉴턴의 미분 기호다. 뉴턴은 물체의 운동을 다뤘기 때문에 미분(differential)이라고 하지 않고 유율(flux)이라고 불렀다. 처음 미분이라고 부른 사람은 라이프니츠다. 그는 기하학을 활용해 미분을 수학적 입장에서 접근했다.

미분을 좀 더 쉽게 이해하는 방법은 거리와 시간과 속도의 관계를 생각해 보는 것이다. 자동차의 속도는 계기판에 표시되기 때문에 속도가 따로 존재한다고 느끼기 쉬운데, 사실 속도는 거리와 시간으로 만들어지는 개념이며 (거리)÷(시간)으로 계산한다. 속도위반을 단속하는 계측기의 원리는 일정한 시간 동안 달린 거리를 측정해서 표시한다.

만약 자동차가 어떤 시각 a부터 h시간을 달려 지점 P에서 Q까지 이동했다고 하자. 거리는 시간의 함수이므로 시간을 t로 나타내고 달린 거리를 함수 $x(t)$로 표기하도록 했다. 그러면 시각 a의 지점 P가 $x(a)$일 때, 시각 $a+h$에서 지점 Q는 $x(a+h)$이다. 이때 거리÷시간 $=\{x(a+h)-x(a)\}/h$는 '평균 속도'다. 거기서 점 P를 통과한 순간의 속도를 구하고 싶다면 시간 h를 작게 하면 된다. 즉 $h\to0$으로 했을 때 $\{x(a+h)-x(a)\}/h$의 값이 점 P, 즉 시각 a일 때의 순간 속도가 되는 것이다.

이를 함수 $x(t)$에서 $t=a$에 대한 미분이라고 하고, $(dx/dt)_{t=a}$나 $x'(a)$로 표기하며 미분계수라고도 부른다. 현대적인 기호로 표현하면 다음과 같다.

$$\lim_{h\to0}\frac{x(a+h)-x(a)}{h}=(\frac{dx}{dt})_{t=a}=x'(a)$$

이처럼 어떤 순간의 속도를 계산할 때 주로 미분을 사용한다. 거리의 함수를 $t=a$로 미분한 $(dx/dt)_{t=a}$가 순간 속도인 것이다. 미분이라고 하면 겁부터 먹는 사람이 많은데, 미분은 전혀 어렵지 않다. 단지 '나눗셈(또는 비율)의 극한'이라는 단순한 개념일 뿐이다. 애초에 h를 0으로 하면 $x(a+h)-x(a)$도 0이 되고, 이 나눗셈은 $0/0$이 될 것이다.

한편 미분과 적분은 서로 역연산 관계에 놓여 있기 때문에 속도를 적분 하면 거리를 알 수 있다. 이 관계 때문에 흔히 미분은 나눗셈, 적분은 곱셈으로 표현된다.

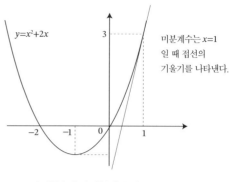

미분계수는 $x=1$ 일 때 접선의 기울기를 나타낸다.

이차함수에서 미분계수의 뜻

일반적으로 함수는 $y=f(x)$로 표기된다. $y=f(x)=x^2+2x$일 때 $x=1$에서 미분계수는,

$$f(1+h)-f(1)=(1+h)^2+2(1+h)-(1^2+2\cdot1)$$
$$=h^2+4h$$

가 되므로,

$$\left(\frac{dy}{dx}\right)_{x=1}=f'(1)=\lim_{h\to0}\frac{f(1+h)-f(1)}{h}$$
$$=\lim_{h\to0}(h^2+4h)/h=\lim_{h\to0}(h+4)$$
$$=4$$

가 된다. $x=1$이라는 식으로 특정 값을 지정하지 않고, x에서 늘어나는 증분 h와 그에 대응하는 함수의 증분 $f(x+h)-f(x)$를 h로 나눈 것의 극한을 x에서 미분한다고 한다. 이 역시 x의 함수가 되므로 도함

수라고도 불리며 dy/dx나 $f'(x)$로 표기한다.

$$\frac{dy}{dx}=f'(x)=\lim_{h\to 0}\frac{f(x+h)-f(x)}{h}$$

$y=f(x)=x^2+2x$ 라고 하면,

$$f(x+h)-f(x)=(x+h)^2+2(x+h)-(x^2+2x)$$

$$=h^2+2hx+2h$$

따라서

$$\frac{dy}{dx}=f'(x)=\lim_{h\to 0}\frac{f(x+h)-f(x)}{h}$$

$$=\lim_{h\to 0}(h^2+2hx+2h)/h=\lim_{h\to 0}(h+2x+2)$$

$$=2x+2$$

$x=1$에서 미분계수를 구할 때도 전자처럼 하지 않고 후자처럼 도함수를 구한 다음 $x=1$을 대입하는 것이 더 편리하다.

일일이 이 정의를 따라 미분을 하면 번거로우므로 기본적인 함수 $y=x^n$, $y=\log x$, $y=\sin x$, $y=\cos x$, $y=e^x$의 미분은 외워두면 편리하다. 물론 기본적으로 수학은 암기하는 학문이 아니지만, 이해를 바탕으로 기본적인 공식을 외워두면 능률을 높일 수 있다. 늘 만들던 요리의 레시피를 매번 하나하나 꼼꼼하게 보고 요리를 만들다가는 요리가 완성됐을 때 지쳐 쓰러질지도 모른다.

지금 설명한 증분을 나타내는 기호로는 Δx, $\Delta y=f(x+\Delta x)-f(x)$가 사용된다. 이 기호를 이용하면 다음과 같다.

$$\frac{dy}{dx} = f'(x) = \lim_{\Delta x \to 0} \frac{f(x + \Delta x) - f(x)}{\Delta x}$$
$$= \lim_{\Delta x \to 0} \frac{\Delta y}{\Delta x}$$

그런데 여기서 Δx가 무척 작을 때는 $f'(x) \fallingdotseq \frac{\Delta y}{\Delta x}$ ($\fallingdotseq$는 서로 가까운 값이라는 것을 의미하는 기호)이므로 다음 식을 얻을 수 있다.

$$\Delta y \fallingdotseq f'(x) \Delta x$$

이는 Δx가 0에 한없이 가까워지면 $dy = f'(x)dx$라는 사실을 뜻한다. 따라서 $dy/dx = f'(x)$와 $dy = f'(x)dx$는 같다.

이것이 dy/dx를 분수처럼 다룰 수 있는 이유다. 이러한 성질이 곧 미분법의 위력이기도 하다. 특히 합성 함수의 미분은 분수의 곱셈과 같은 방법으로 연산한다.

$y = (x^2 + 1)^{10}$과 같은 함수는 먼저 $x^2 + 1 = t$로 둔다. 그러면 t는 x의 함수가 된다. 이 식에 t를 대입하면 $y = t^{10}$이 된다. t를 x로 미분하는 것은 간단하고, y를 t로 미분하는 것 역시 간단하다.

이처럼 복잡한 함수는 더 간단한 함수로 분해해서 생각하는 발상이 중요하다. 아무리 천재적인 등산가라도 갑자기 험준한 산을 오를 수는 없다. t는 x의 함수이므로 x로 미분하면,

$$\frac{\mathrm{d}t}{\mathrm{d}x} = 2x$$

그리고 y는 t의 함수이므로 t로 미분하면

$$\frac{\mathrm{d}y}{\mathrm{d}t} = 10t^9$$

이때 합성 함수의 미분은 분수 계산으로 생각하면 된다고 했으니,

$$\frac{\mathrm{d}t}{\mathrm{d}x} \cdot \frac{\mathrm{d}y}{\mathrm{d}t} = \frac{\mathrm{d}y}{\mathrm{d}x}$$

이렇게 될 것이다. 따라서

$$\frac{\mathrm{d}y}{\mathrm{d}x} = \frac{\mathrm{d}t}{\mathrm{d}x} \cdot \frac{\mathrm{d}y}{\mathrm{d}t} = 2x \times 10t^9$$
$$= 20x(x^2+1)^9 \text{ (위의 식에 } t=x^2+1 \text{을 대입)}$$

이 된다.

같은 방법으로 분수 계산을 하듯 계산하면,

$$\frac{\mathrm{d}y}{\mathrm{d}y} = \frac{\mathrm{d}x}{\mathrm{d}y} \cdot \frac{\mathrm{d}y}{\mathrm{d}x}$$

이 식이 성립한다. 좌변은 $\mathrm{d}y / \mathrm{d}y = 1$이므로

$$\frac{dx}{dy} = \frac{1}{dy/dx}$$

가 된다.

대부분의 과학적 현상은 미분으로 기술할 필요가 있다. 왜냐하면 과학은 시간에 따라 팽창하거나 수축하는 것을 다루는 경우가 많고, 그 팽창 속도가 곧 미분이기 때문이다. 뉴턴은 천체가 움직이는 운동의 방정식(미분방정식)을 세우고, 그것을 풀어서 천체의 운동이나 궤도를 알아내고자 했다.

미분은 적분보다 역사가 짧지만, 미분적 사고법은 뉴턴이나 라이프니츠 이전에 눈을 떴다. 실제로 주어진 곡선에 접선을 긋는 방법이나 극값(극치)을 구하는 문제는 옛날부터 존재했다. 17세기에 프랑스의 수학자 페르마는 미분에 가까운 수준까지 이르렀고, 뉴턴의 스승인 영국의 배로는 미분의 개념에 도달했다. 이 점 때문에 배로가 미분의 창시자라는 주장도 있다.

그러나 뉴턴은 미분과 적분이 서로 역의 관계에 있다는 사실을 기하학적인 관찰로 도출해 냈다는 점이 중요하다. 뉴턴에게 이 사실은 천체가 운동하는 궤도를 구하기 위해서도, 자신의 고전역학을 확립하기 위해서도 반드시 필요했다. 이 관계를 찾아내지 못했다면 방정식(미분방정식)을 세워도 풀 수가 없고, 미분은 그 위력을 발휘하지 못한 채 단지 표현 형식으로 끝났을 것이다.

∫

14

티끌 모아 인테그럴

∫은 적분을 나타내는 기호다. 라틴어로 '합'을 뜻하는 summa의 머리글자 s이다. 이 기호는 라이프니츠가 만들었다. 애초에 적분이란 넓이나 부피를 구하는 것(구적)이다. 구적은 먼 옛날부터 관심의 표적이었기 때문에 적분의 개념은 미분보다 훨씬 더 빨리 생겼다.

고대 그리스의 아르키메데스는 '소진법'이라 불리는 방법으로 포물선과 직선으로 둘러싸인 도형의 넓이를 구했다. 소진법은 곡선으로 둘러싸인 부분의 넓이를 내접하는 다각형의 넓이로 근사하는 방법이다. 원의 넓이를 내접하는 다각형의 넓이로 근사하는 것을 떠올리면 된다. 이러한 방법을 처음으로 생각해 낸 사람은 기원전 5세기경 고대 그리스의 안티폰이라는 사람이라고 한다.

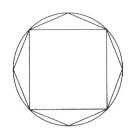

내접하는 다각형

단, 이 시대에는 아직 극한의 개념이 없어서 무한으로 취급하지는 않고 아르키메데스의 원리를 이용해 간접 증명을 했다. 아르키메데스의 원리란 임의의 수 a와 임의의 양수 b에 대해 어느 적당한 자연수 n이 존재하여 $nb > a$이 성립한다는 것이다.

구적은 16세기부터 17세기에 걸쳐 활약한 천문학자 케플러가 등장하면서 비약적으로 발전했다. 어느 날 케플러가 포도주를 사려고 했는데, 나무통의 부피 재는 법을 보고 불만을 품었다. 케플러는 그 나무통의 부피를 재기 위해 아르키메데스가 이용한 소진법의 원리를 활용했다고 한다. 케플러뿐 아니라 술과 관련해 불만이나 원한을 품고 오뉴월에도 서리를 내린 인물들이 많다. 특히 수학자 중에 애주가가 많았다.

케플러의 방법은 현재 초등학교 수학 교과서에 실려 있는 원의 넓이 구하기와 비슷하다. 원의 중심을 꼭짓점으로 하는 작은 부채꼴로 원을 나누고, 그것을 번갈아 가며 붙여서 직사각형에 가까운 모양으로 만들어 직사각형의 넓이로 설명하는 것이다.

91쪽 위 그림과 같이 원을 자른 얇은 부채꼴은 삼각형과 그 모양이 비슷하다. 따라서 이 넓이를 모두 합친 것을 원의 넓이로 본 뒤 원호를 직선(현)으로 근사하는 것이다. 그리고 부채꼴을 한없이 작게 만들면 부채꼴과 이등변삼각형 넓이의 총합은 원의 넓이와 거의 비슷해지는데, 이 방식이 케플러가 생각한 아이디어다. 이처럼 어떤 도형의 넓이나 부피를 구할 때는 원래 아는 단순한 도형(삼각형이나 직사각형)

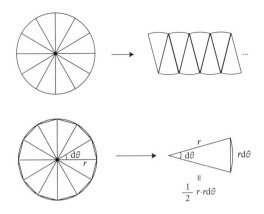

원의 넓이 구하기

이 모인 넓이의 총합으로 생각하는 경우가 많기 때문에 그 총합(sum)의 s를 기호로 만들어 $\int$ 라고 쓴다.

아주 간단히 말하면, 반지름이 r인 원의 경우 그 원을 위 그림과 같이 쪼갠 삼각형의 넓이는 매우 작은 중심각 $d\theta$에 대한 원호 $rd\theta$와 반지름 r을 이용해서 구하면 거의 $\frac{1}{2}(r \cdot rd\theta)$가 된다. 이렇게 구한 삼각형의 넓이를 모두 더하면 된다. 즉 중심각 $d\theta$에서 $0 \sim 2\pi$까지 모두 모은 것이므로 다음과 같이 나타낼 수 있다.

$$\int_0^{2\pi} (\frac{1}{2})(r \cdot rd\theta)$$

($\int_0^{2\pi}$ 는 0부터 2π까지 모두 모은다는 뜻)

그러면 원의 넓이 πr^2를 다음과 같이 구할 수 있다.

$$\int_0^{2\pi} \frac{1}{2}(r \cdot rd\theta) = \frac{1}{2}r^2 \int_0^{2\pi} d\theta$$

(r은 각의 크기와 상관없는 상수이므로)

$\int_0^{2\pi} d\theta$는 $d\theta$를 0~2π까지 모두 모은 것이므로 2π이지만, 오늘날 사용하는 표현으로 쓰면 다음과 같다.

$$\int_0^{2\pi} d\theta = [\theta]_0^{2\pi} = 2\pi - 0 = 2\pi$$

따라서 이렇게 쓸 수 있다.

$$\frac{1}{2}r^2 \int_0^{2\pi} d\theta = \frac{1}{2}r^2[\theta]_0^{2\pi} = \pi r^2$$

실제로는 원호의 길이를 작게 할수록 삼각형은 점점 넓이가 없는 선(반지름)이 되므로 이런 방법이 항상 옳다고 단정할 수는 없다. 이 부분을 수학적으로 엄밀하게 뒷받침하려면 극한의 개념이 정식화되는 19세기까지 기다려야 하는데, 케플러는 그 전에 알려져 있던 결과를 이 방법으로 구할 수 있다는 사실을 확인한 다음 구의 부피나 포도주통의 부피 등에 같은 방법을 적용했다.

그 후에 이탈리아의 카발리에리가 이 방법을 다르게 변환해서 곡

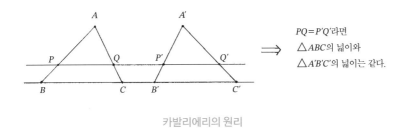

카발리에리의 원리

선으로 둘러싸인 부분의 넓이나 부피를 구하려 했고, 이것이 곧 적분을 발전시킨 셈이었다. 카발리에리는 불가분량이라는 개념을 도입해서 '카발리에리의 원리'라 불리는 방법을 고안했다.

카발리에리의 원리란, 예컨대 밑변의 길이가 같은 두 삼각형이 동일 직선상에 있을 때 이 직선과 평행한 직선에 의해 나뉘는 두 삼각형의 선분의 길이가 같고, 그 평행선의 어떤 높이에 있든 이것이 성립한다면 이 두 삼각형의 넓이는 같다는 것이다.

삼각형의 넓이를 선분이 모인 것으로 보고 대응하는 선분의 길이가 서로 같으면 넓이도 같다고 생각한 것이다. 이 선분의 길이를 불가분량이라고 부르며, 이것이 근대에 적분의 발전으로 이어졌다고 할 수 있다.

불가분량 사고법은 현재의 적분 표기 $\int f(x)\mathrm{d}x$로 말하자면 $f(x)\mathrm{d}x$ 부분과 대응한다고 할 수 있다. 실제로 $f(x)=x^2$으로 하면 $x^2\mathrm{d}x$는 밑변이 $\mathrm{d}x$이고 높이가 x^2인 직사각형의 넓이이므로 $\mathrm{d}x$가 한없이 작아지면 이 직사각형은 선이 되지만, 적분은 이러한 직사각형의 넓이를 한데

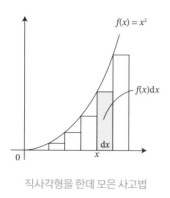

직사각형을 한데 모은 사고법

모은 것으로 생각한 것이다. 카발리에리는 이 계산을 $x=0$부터 $x=1$까지 그 원리를 이용해서 기하학적으로 풀고, 나아가 다음 식을 이끌어냈다.

$$\int_0^1 x^n dx = \frac{1}{n+1}$$

카발리에리 이후로 갈릴레이의 제자인 이탈리아의 토리첼리나 프랑스의 페르마가 이 방법으로 회전체 또는 다항식으로 나타낼 수 있는 도형의 부피를 구했다. 현대의 적분 표기 $\int f(x)dx$는 페르마가 만들었다.

이처럼 적분은 구적(넓이나 부피의 계산)이라는 기하학적 관점에서 발전했다. 그 뒤 뉴턴과 라이프니츠 시대에 본격적으로 미분이 도입되면서 미분으로 천체의 운동을 기술하는 미분방정식을 고안하게 되고, 그 방정식을 푸는 과정에서 적분은 미분의 역연산이라는 사실이 밝혀졌다. 이로써 적분은 구적이라는 기하학적 관점을 뛰어넘는 매우 중요한 수학적 개념이 된 것이다. 적분은 이러한 역사를 거쳐 지금까지 살아남아 있다.

15

△, ▽

모양이 곧 의미인 기호

△는 모양 그 자체가 기호화된 것으로 삼각형을 나타낸다. 보통은 단독으로 쓰이지 않고 △ABC와 같이 꼭짓점을 나타내는 기호와 함께 사용된다. 원래 기하학에서 쓰는 기호는 이런 식의 상형 기호가 많다. 이 기호가 사용되기 시작한 때는 중세~르네상스 이후이며 다른 예로는 직사각형 □, 원 ○, 각 ∠, ⊿ 등이 대표적이다. ⊿ 기호는 모양 그대로 직각삼각형을 나타낼 때 쓰였지만 요즘에는 거의 쓰이지 않는다.

1세기경 고대 그리스의 수학자 헤론은 삼각형에 ▽라는 기호를 썼다. 애초에 △는 고대 그리스에서 숫자 10을 뜻했기 때문에 삼각형 기호로는 보급되지 않았을 것이다. 그 후 16세기로 접어들어 프랑스의 수학자 에리곤 등이 △을 사용했다.

고등학교까지 나오는 기하학은 유클리드 기하학이라 불리는 논증

기하학인데, 기원전 3세기경에 고대 그리스의 유클리드가 썼다고 전해지는 《원론》에 기초를 두고 있으며 총 13권으로 이루어져 있다. 제1권 ~제4권과 제6권은 평면 기하학을 다루는데, 제1권은 23개의 정의(definition. 수학적 약속)와 다섯 가지 공준(postulate. 증명이 없어도 참으로 받아들여지는 사실), 다섯 가지 공리(axiom. 운용 규칙)부터 평면에 관한 48개의 정리를 연역적으로 이끌어냈다.

유클리드의 《원론》은 세계에서 성경에 이어 가장 오래, 가장 많이 읽힌 책이다. 《원론》을 중심으로 한 고대 기하학에서는 그리스 문자나 알파벳, 도형은 나오지만 $\triangle$ 나 $\angle$ 등의 기호는 전혀 없다고 봐도 된다. 가장 역사가 오래된 분야 중 하나인 기하학에서 기호화가 늦은 이유는 숫자를 직접 다뤄 계산이 필요한 다른 분야들과는 달리 증명 위주인 탓에 말로 설명이 이루어졌기 때문이다. 더불어 ABC라는 세 문자만 써도 삼각형임을 쉽게 이해할 수 있어서 굳이 삼각형 ABC를 $\triangle ABC$라고 적을 필요가 없었을 것으로 추측된다. 한편으로는 인쇄기가 발달하지 않았던 탓에 주로 말로 지식을 전승하다 보니 기호화가 늦었다고도 생각할 수 있다.

유클리드의 《원론》 중에는 삼각형의 내각의 합은 평각(180°)이라는 사실이나 삼각형의 합동 조건 등도 나오지만, 180° 같은 양의 표현이나 합동이라는 말 자체는 없다.

47번째 정리는 피타고라스의 정리로 유명한데, 마지막 48번째는 이 명제의 역에 해당한다.(39쪽 참고) 이 47, 48번째 정리는 중학교 기하학의 목표이기도 하다. 피타고라스의 정리는 고등학교에서 배우는 핵심 개념인 삼각함수로 이어지는 중요한 정리이므로 확실하게 알아두는 것이 좋다.

△, ▽라는 기호는 도형 이외에도 쓰인다. 해석학에서 사용하는 경우에는 앞서 살펴본 것처럼 미분의 변수 x의 증분을 △x로 표기한다.(Δ도 사용된다.) 라플라시안이라는 미분 연산자의 기호로도 이용된다. ▽는 함수의 기울기 벡터를 나타내는 기호로 사용되며, 미분기하학 분야에서 함수의 발산이나 회전을 나타내는 기호로도 이용된다. 이처럼 △나 ▽는 다양한 곳에서 유용하게 쓰이는 귀중한 기호다.

∽, ∝

16

닮음은 반복된다

∽는 닮음을 의미하는 기호로 영어 similar의 s에서 왔다고 한다. 그 말처럼 s를 옆으로 눕힌 모양을 띤다. △ABC와 △DEF는 닮음이라는 것을 △ABC∽△DEF와 같이 표기한다. 이 닮음 기호는 17세기에 라이프니츠가 만들었다고 한다. 라이프니츠는 ～와 ∽를 모두 닮음 기호로 이용했다. 한편 영국의 오트레드는 라이프니츠보다 먼저 살았던 사람인데, ～와 ∽를 모두 빼기 기호로 사용했다. 뺄셈(subtraction)의 영어 머리글자가 s라서 비슷한 기호를 사용했으리라 추측된다.

∽와 비슷한 모양인 ∝는 $a ∝ b$와 같이 써서 a는 b에 비례한다는 것을 뜻하는 기호다. 따라서 ∝는 ∽와 달리 모양 비교를 의미하지는 않는다. 닮음이라는 개념은 고대부터 매우 자주 사용되었다. 고대 시대에 천체 관측이 활발히 이루어지는 과정에서 삼각비(sin, cos, tan)가 발명됐는데, 이 역시 닮음에서 출발했다. 닮음이란 매우 비슷하다는 뜻이

라서 크기와 모양이 같다는 것을 나타내는 합동보다 훨씬 자주 등장한다. 그러나 닮음을 수학적으로 표현하려고 하면 상당히 까다롭다.

예를 들어 두 다각형이 닮음이 되려면 '두 다각형에서 대응하는 꼭짓점의 각이 같고, 대응하는 변의 비가 일정하다'라는 조건을 만족해야 한다. 그러나 두 '삼각형'이 닮음일 경우는 상당히 단순하다.

두 삼각형에서 대응하는 두 각이 같으면 닮음이다.
또는 대응하는 세 변의 비가 일정해도 역시 닮음이다.

그러나 일반 도형에서는 대응하는 각이 같더라도 닮음이 아니므로 정의가 복잡해진다. 실제로 정사각형과 가로세로 길이가 다른 직사각형을 생각해 보면 각은 모두 같지만, 닮음이라고는 할 수 없다.

한편 어떤 원이든 모두 닮음이라고 할 수 있지만, 다각형에서 쓰이는 닮음의 의미로는 통하지 않는다. 따라서 더 일반적인 다른 정의를 마련할 필요가 있다.

사실 두 도형이 닮음일 때는 '닮음의 중심'이라 불리는 점 O를 정하고 O에서 나오는 반직선이 이 두 도형의 점 P와 P'에서 만날 때, 어떤 반직선을 그어도 비 OP/OP'가 항상 일정하다. 반대로 말하면 이러한 점 O가 존재할 때 두 도형은 닮음이 된다. 원의 경우는 원 중심을 점 O로 정할 수 있다. 그러면 중심 O에서 나온 반직선이 교차하는 두 점의 길이의 비는 항상 반지름의 비와 같아지므로 닮음이 된다.

닮음이라는 관계는 =와 같은 원리인 동치 관계를 만족한다. 동치 관계란 세 가지 성질(반사율, 대칭률, 추이율)로 이루어진다. 따라서 닮은 두 도형을 서로 '같다'라고 여기는 기하학도 존재할 수 있다. 이러한 원리로 도형의 성질을 알아보는 기하학을 닮음 기하학 또는 상사 기하학이라고 한다.

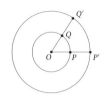

$$OP : OP' = OQ : OQ'$$

$$OP : OP' = OQ : OQ'$$

닮음의 중심

식물이든 동물이든 아무리 세대교체를 해도 그 모양은 대대로 비슷하다. 이처럼 자연에는 닮음으로 나타낼 수 있는 것이 무척 많은데, 자연계의 모양이 '자기 유사성'의 개념으로 이루어져 있다는 것이 1970년대에 폴란드의 망델브로가 제창한 프랙털 기하학이다. 단순한 몇 가지 관계를 반복하면 불규칙해 보이는 자연의 복잡한 모양이나 도형을 표현할 수 있다는 사고법으로, 컴퓨터의 힘을 빌려 이러한 사례를 실제로 증명하기도 했다.

닮음인 도형이면 반드시 합동이 된다는 기하학도 생각할 수 있다. 즉 닮음인 도형이 완전히 존재하지 않는 기하학이다. 이는 쌍곡 기하학이라 불리는 비유클리드 기하학이다. 이렇게 보면 수학이란 실제 현상에 대한 해석을 정당화하는 도구와 같다. 수학의 세계에서는 닮음이 없는 기하학부터 닮음으로만 이루어져 있다고 생각하는 기하학까지, 어떤 생각이든 그것이 논리적이기만 하면 존재할 수 있다.

17

⊥, ∠, ∥

삼각형의 내각의 합은 항상 180°일까?

이 기호들은 원래 기하학에서 쓰는 기호인데, 모양 그 자체의 성질로 만든 것이다. ⊥는 두 직선이 직교한다(수직으로 교차한다)는 뜻이다. 수평한 선이 직선 하나를 나타내고, 세로로 서 있는 선은 수직인 직선을 나타낸다고 생각하면 된다. 예를 들어 두 직선 m, n이 수직으로 만날 때는 $m \perp n$으로 쓴다.

또한 ∠는 두 직선이 만드는 각을 나타낸다. 이것도 수평한 직선과 어떠한 각도를 가진 또 다른 직선이 만나 있는 것으로 보면 된다. 삼각형 ABC가 있다고 할 때, $\angle A$나 $\angle ABC$ 등으로 표기한다. 특히 직각(right angle)일 때는 머리글자를 따서 $\angle R$로 표현한다.

마찬가지로 ∥는 두 직선이 평행하다는 사실을 나타낸다. 두 직선 m, n이 평행하다면 $m \parallel n$으로 쓰면 된다. 이 기호들은 벡터에서도 사용하는데, 벡터란 '크기와 방향을 가진 양'을 뜻하는 개념이다.

초등학교부터 고등학교까지 배우는 유클리드 기하학은 이미 기원 전 3세기경에 완성된 것이다. 그때는 설명이나 증명이 모두 말로만 되어 있고 이러한 기호들은 거의 쓰이지 않았다.

$\triangle$, $\perp$, $\llcorner$, $\angle$, $\bigcirc$, $\sim$, $\frown$ 등의 기호들은 르네상스 시대에 고안한 것도 있지만, 대부분 17세기 이후가 되어서야 본격적으로 쓰이기 시작했다. 16세기 후반부터 17세기에 걸쳐 대수학 분야에서 기호가 보급되었는데, 이 흐름에 따라 기하학의 증명에서도 말로 쓰기보다는 기호를 쓰는 것이 더 간단하고 편리하다는 인식이 퍼진 것으로 추측된다. 그런데 최근에는 거꾸로 증명을 귀찮아하는 사람들이 늘어나고 있으니 수학적으로는 꽤나 힘겨운 시대라고 할 수 있겠다.

17세기에 엘리건은 피타고라스의 정리를 증명하면서 $\perp$와 $\angle$ 기호를 사용했다. 그는 $\perp$를 수직 기호로, $\llcorner$를 직각 기호로 썼다. 원래 평행을 나타내는 기호는 =였으며 3세기에 고대 그리스의 수학자 파포스가 이미 사용했다. 엘리건도 =를 평행 기호로 사용했는데, 영국의 레코드가 발명한 등호 기호 =가 유럽에도 퍼지기 시작하면서 =가 아닌 ∥를 평행 기호로 사용하게 되었다. 오트레드가 1677년 그의 저서에서 ∥를 사용했고 18세기 이후부터 널리 보급되었다. 한국과 일본에서는 ∥를 빗금처럼 쓰는 경우도 많다.

앞서 설명했듯이 현재 학교에서 배우는 기하학은 유클리드 기하학이다. 유클리드가 13권에 걸쳐 쓴《원론》의 제1권인 평면 기하에서 23가지 정의와 5가지 공준과 5가지 공리에서 48가지 정리를 이끌어냈는데, 이 5가지 공준은 다음과 같다. 참고로 공준이란 증명이 없어도 참으로 받아들여지는 명제다. 따라서 유클리드 기하학을 적용할 때는 다음 5가지가 성립한다는 사실을 증명 없이 무조건 인정해야 한다.

(1) 두 점을 연결하는 선분은 하나만 존재한다.

(2) 선분은 양쪽 끝으로 얼마든지 늘릴 수 있다.

(3) 두 점이 주어졌을 때, 그중 한 점을 중심으로 하고 나머지 한 점을 지나는 원을 하나 그릴 수 있다.

(4) 모든 직각은 서로 같다.

(5) 두 직선이 한 직선과 만나서 생기는 같은 쪽에 있는 내각들의 합이 180도보다 작을 때, 이 두 직선을 한없이 연장하면 내각들이 합이 180도보다 작은 쪽에서 만난다.

그 뒤로부터 2,000년 가까이 제5공준을 둘러싼 논쟁이 펼쳐졌다. 왜냐하면 나머지 네 공준과 달리 (5)는 따로 공준으로 정하지 않아도 (1)~(4)를 이용해서 증명할 수 있다고 생각했기 때문이다.

(1)부터 (4)를 사용하면 직선과 그 이외의 한 점 A가 주어졌을 때, A를 지나 이 직선과 평행한 직선을 그을 수 있다. 그러나 직선을 몇 개 그을 수 있는지는 모른다. (5)를 사용하면 그러한 평행선은 딱 하나만 있다는 것이 나타나기 때문에 (5)는 점 A를 지나고 직선과 평행한 선이 단 하나만 존재한다는 말과 같다.

만약 점 A를 지나는 평행선이 2개 존재한다면 엇각이 반드시 같다고 말할 수 없다. 따라서 평행선이 하나만 존재한다는 것을 사실로 보면, '평행인 두 직선과 다른 한 직선이 만나 생기는 엇각은 서로 같다'라는 유명한 정리가 나온다. 여기서 삼각형의 내각의 합이 $180°$라는 사실도 도출할 수 있다.

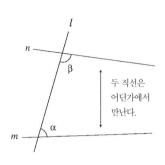

제5공준: $\alpha + \beta < 180°$라면 m과 n은 어딘가에서 만난다.

따라서 삼각형의 내각의 합이 $180°$라는 사실은 제5공준 없이는 증명할 수 없다. 그런 의미에서 삼각형의 내각의 합이 항상 $180°$라는 기하학이 바로 유클리드 기하학이라고 해도 무리가 없다. 내각의 합이 $180°$라는 사실 자체가 이 기하학의 가설이 된다.

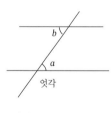

엇각

평행이라면 엇각이 같다

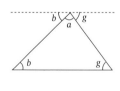

엇각과 삼각형

제5공준을 증명하려는 시도가 멈춘 것은 19세기 이후였다. 헝가리의 보여이와 러시아의 로바쳅스키가 비유클리드 기하학을 발견했기 때문이다. 공준 (1)부터 (4)까지는 그대로 두고, (5) 대신 평행선이 하나가 아니라 두 개 이상 존재한다고 가정하고 이론을 전개해도 아무런 모순이 일어나지 않는 기하학을 만들어낸 것이다. 이 기하학에서는 삼각형의 내각의 합이 일정하지 않고 $180°$보다 작아진다. 닮음이라는 개념 역시 의미가 사라지고 닮음인 삼각형은 모두 합동이 된다.

기하학에는 삼각형의 내각의 합이 항상 $180°$ 보다 작은 기하학도, 큰 기하학도 존재한다. 이처럼 수학은 절대적 진리가 아니라 어떤 공준이나 공리 아래에서 도출된 제한적 진리에 지나지 않는다. 수학 하는 사람을 융통성 없는 고집불통으로 인식하고 있을지도 모르지만, 사실 수학자는 가장 자유로운 발상을 해야 하는 사람이다.

∴, ∵, iff, ⇔

성장의 흔적을 남기다

기하학 증명에 기호를 도입한 사람은 17세기의 프랑스 수학자 엘리건과 스위스 수학자 란이다. 지금은 수학의 증명에서 ∴를 '그러므로', ∵를 '왜냐하면'이라는 의미로 사용하지만, 란은 1659년 출간된 책 《대수》에서 ∴와 ∵ 모두 '그러므로'라는 뜻으로 썼다. 18세기까지는 ∵를 '왜냐하면'으로 쓰지 않았다. 1827년에 케임브리지 대학에서 엮은 《유클리드 원론》부터 이 두 기호를 나눠 쓰기 시작한 듯한데, 최근 중학교 교과서에서는 이 기호를 없앤 경우도 많다. 문자를 기호로 대체해서 쓰게 되면 왠지 성장한 듯한 기분이 드는데, 학생들에게 자신의 성장을 실감할 수 있는 수단이 점점 사라진다는 사실이 큰 문제로 느껴진다. 별것 아니라고 생각할 수도 있지만 ∴나 ∵ 같은 기호를 쓰는 일은 논리적 구조를 공부하는 데 매우 중요한 요소다.

iff는 if and only if의 약자인데, 필요충분하다는 뜻이다. 실제로는 이 기호 대신 ⇔라는 기호가 더 많이 쓰인다.

예를 들어 실수에서 $x^2+y^2+z^2=0$이 되기 위한 필요충분조건은 $x=y=z=0$이라는 사실을 기호화하면,

$$x^2+y^2+z^2=0 \quad \text{iff} \quad x=y=z=0$$
$$\text{또는}$$
$$x^2+y^2+z^2=0 \Leftrightarrow x=y=z=0$$

과 같이 쓰인다. 수학에서는 '필요조건이지만 충분조건이 아니다.'라든가 '충분조건이지만 필요조건이 아니다.'라는 말들을 하는데, 집중하지 않으면 이해하기 까다롭다.

예를 들어 x가 실수라고 했을 때 $x>0$이면 $x^2>0$이다. 이때 $x>0$은 $x^2>0$에 대해 충분조건이다. 그러나 필요조건은 아니다. 왜냐하면 $x<0$이어도 $x^2>0$이기 때문이다. 따라서 $x^2>0$이기 위한 필요충분조건은 $x \neq 0$이다. 한편, $x^2>0$은 $x>0$이기 위해 필요조건이기는 하지만 충분조건은 아니다. 한때 이상적인 남편의 조건이 3고(고수입, 고학력, 고신장)였던 시절이 있었는데, 이 말은 '3고'가 신랑의 필요조건이라는 뜻과 같다.

어떤 수학적 성질을 나타낼 때는 연역적 방법과 귀납적 방법 두 가지를 쓴다. 전자는 법칙이나 정리를 발견하거나 예측하는 데 쓰이고, 후자는 그것을 증명하는 데 쓰이는 경우가 많다. 둘 다 중요하지만, 초

등학교에서는 귀납적 방법을 사용할 때가 많다. 귀납적 방법이란 예를 들어 삼각형의 내각의 합이 180°라는 사실을 여러 가지 삼각형으로 직접 재보기도 하고 색종이를 접기도 하면서 '삼각형이 무슨 모양이든 180°가 되겠구나!' 하고 결론을 내리는 방법이다. 이와 달리 연역적 방법은 제한된 공리나 이미 제시된 명제에서 어떤 삼각형이든 180°라는 사실을 논리적으로 이끌어낸다.

중학 수학은 귀납적 사고에서 연역적 사고로 전환되는 중간에 있다. 그래서 변화에 당황하고 갑자기 난도가 확 높아졌다고 느끼는 학생들이 많다. 그러나 그 과정을 지나는 것이 곧 성장일 것이다. 이 성장의 고비를 넘지 못하는 학생들이 점점 늘어나고 있는 것을 보면 교육 방식에 문제가 있다는 생각이 들기도 한다.

( ), { }, [ ]

19

400년 전통, 끼우기의 달인

( )라고 쓰고 괄호라고 읽는 이 기호는 16세기 전에 쓰인 책에는 전혀 나오지 않았다고 한다. ( )는 이탈리아에 살았던 천문학자 클라비우스가 1608년에 쓴 대수 책에서 처음으로 사용된 듯하다. 비에트의 책에는 { }가 나온다. 독일의 슈티펠이나 프랑스의 지라르도 ( )를 썼는데, 17세기에는 대부분 식 위에 가로줄 몇 개를 긋는 것으로 괄호 역할을 대신했던 모양이다. 예를 들어 $4[4\{x-8(x-2)\}x]+1=0$은 다음과 같이 표기했다.

$$\overline{\overline{44x-8\overline{x-2}x}}+1=0$$

또한 $2(\sqrt{2}-\sqrt{3})+2(\sqrt{2}+\sqrt{3})$은 이런 식이다.

$$2\overline{\sqrt{2}-\sqrt{3}}+2\overline{\sqrt{2}+\sqrt{3}}$$

뉴턴도 이 가로줄을 썼다. 실질적으로 수학에서 ( )를 쓰게 된 것은 18세기 이후다. 네덜란드의 블라셰나 독일의 라이프니츠, 그 뒤를 이은 스위스의 베르누이와 오일러의 영향이 컸다. 괄호(독일어로는 klammer)라는 명칭도 오일러가 만들었다. 참고로 한국과 일본 등 동양에서는 { }가 중괄호이고 [ ]가 대괄호지만, 서양권에서는 그 반대로 [ ]를 먼저 쓴다.

( )는 그 부분을 묶어서 계산한다는 뜻이다. 따라서 ( ) 부분을 먼저 계산한다. 예를 들어 $S = 1 \div 3 \times 3$을 계산할 때, 처음부터 순서대로 계산하면 $(1 \div 3) \times 3 = 1$이다. 그러나 $1 \div (3 \times 3)$라고 쓰면 $\frac{1}{9}$이 되므로 해답이 달라진다. 이런 일이 있기 때문에 ×나 ÷가 섞인 식에서는 괄호가 없으면 왼쪽에서 오른쪽으로 순서대로 계산하는 것이 올바른 규칙이다.

괄호는 계산 순서에만 쓰이는 것이 아니라 사고 과정에서도 사용된다. 목적에 맞게 잘 활용하면 괄목할 만한 성과를 이룰 수 있다. 예를 들어 세 자리 숫자가 3으로 나누어떨어지기 위한 필요충분조건은 (일의 자리 숫자)+(십의 자리 숫자)+(백의 자리 숫자)가 3으로 나누어 떨어지는 것이다. 이는 괄호를 이용해서 다음과 같이 생각할 수 있다.

일반적으로 세 자릿수 s는 각 자릿수 a, b, c를 이용해서 $s = 100a + 10b + c$로 나타낸다.

$100a$와 $10b$를 3으로 나눈다는 것을 생각하면,

$$s = 100a + 10b + c = 33a \times 3 + a + 3b \times 3 + b + c$$

여기서 괄호를 사용하면,

$$s = 3(33a + 3b) + a + b + c$$

첫 항인 $3(33a + 3b)$는 3의 배수다. 따라서 s가 3으로 나누어떨어지려면 $a + b + c$가 3으로 나누어떨어지기만 하면 된다.

또 하나, '십의 자리가 같고 일의 자리의 합이 10인 두 수를 곱한 값을 구하는 규칙을 찾아내시오.'라는 중학교 수학 문제를 살펴보자. 이 역시 괄호를 잘 활용하면 쉽다.

두 수를 $10a + b$, $10a + c$로 생각하면 다음과 같다.

$$
\begin{aligned}
(10a + b)(10a + c) &= 100a^2 + 10a(b + c) + bc \\
&= 100a^2 + 100a + bc \quad (b + c = 10) \\
&= 100a(a + 1) + bc
\end{aligned}
$$

예를 들면 $36 \times 34 = 300 \times (3 + 1) + 6 \times 4 = 1224$가 된다.

그리고 이차식의 완전 제곱식을 만들 때 $(\quad)$, $\{\quad\}$, $[\quad]$의 덕을 많

이 보기도 한다.

예를 들어 $5x-2\sqrt{5x}-4$의 최솟값을 구하라는 문제가 나오면, $\sqrt{}$의 미분을 몰라도 완전 제곱식을 활용해 구할 수 있다.

$$
\begin{aligned}
5x-2\sqrt{5x}-4 &= 5(x-2\sqrt{5x}/5)-4 \\
&= 5[\{x-2\sqrt{5x}/5+(\sqrt{5}/5)^2\}-(\sqrt{5}/5)^2-4/5] \\
&= 5\{(\sqrt{x}-\sqrt{5}/5)^2-1\}
\end{aligned}
$$

즉 $x=\dfrac{1}{5}$일 때 최솟값은 -5가 되는 것이다. 실제 계산을 할 때는 [ ]까지 나오는 일이 별로 없지만, 이는 정적분을 계산할 때도 사용하는 기호다.

$$
\begin{aligned}
\int_1^e \frac{1}{x}\,\mathrm{d}x &= [\log x]_1^e \\
&= \log e - \log 1 = 1-0 = 1
\end{aligned}
$$

또한 인수분해를 할 때 괄호가 위력을 발휘한다. 위에 나온 식 $5x-2\sqrt{5x}-4$는 다음과 같이 인수분해된다.

$$
\begin{aligned}
5x-2\sqrt{5x}-4 &= 5\{(\sqrt{x}-\sqrt{5}/5)^2-1\} \\
&= 5\{(\sqrt{x}-\sqrt{5}/5)-1\}\{(\sqrt{x}-\sqrt{5}/5)+1\} \\
&= 5\{\sqrt{x}-(5+\sqrt{5})/5\}\{\sqrt{x}+(5-\sqrt{5})/5\}
\end{aligned}
$$

이 식들을 계산할 때만 봐도 괄호라는 기호의 발명이 얼마나 감사한 일인지 느낄 수 있을 것이다. 식이나 계산뿐만 아니라 수학 전반에 걸쳐서 괄호는 없어서는 안 될 존재이며, 괄호가 있기에 생각을 가장 효율적으로 할 수 있다. 말 그대로 '괄호'는 수학의 세계에서 '괄목'할 만한 스타인 것이다.

$!, {}_nC_m, {}_nP_m$

눈 깜짝할 새의 수학

차를 타고 산길을 달리다 보면 종종 '야생 동물 출몰 주의!'라고 적힌 푯말을 볼 수 있다. !는 이처럼 감탄문에 쓰는 기호이지만, 수학에서는 계승(factorial. 팩토리얼)으로 불린다. 이 기호는 단독으로 쓰이는 일은 없고 다음과 같이 쓰인다.

$$5!$$

5!을 5의 계승이라고 한다.

$$5! = 1 \times 2 \times 3 \times 4 \times 5 = 120$$

덧셈에 비하면 숫자가 순식간에 불어나기 때문에 감탄을 나타내는 기호 !을 쓰는 것이 안성맞춤이라는 생각도 든다. 많은 숫자의 곱셈을 일일이 적어 나타내기가 힘들기 때문에 쓰는 생략 기호라고 할 수 있다.

$$1 \times 2 \times 3 \times \cdots \times n = n!$$

처음에는 $n!$이 아니라 L_n이라고 쓰기도 했던 모양이다. !이라는 기호는 1808년에 프랑스의 크람프가 쓴 저서에서 처음으로 등장했다.

잘 알려진 대로 서로 다른 5개의 숫자를 일렬로 나열하는 경우의 수는 5!이다. 조금 더 자세히 설명해 보자. 일단 제일 처음에 오는 숫자를 고르는 방법은 5가지가 있다. 처음에 오는 숫자가 정해지면 다음에 고를 숫자는 나머지 4개에서 뽑아야 하니까 4가지가 있다. 따라서 5가지 숫자가 처음에 오는 모든 경우를 생각한다면, 여기까지 5・4가지가 된다.

이렇게 차례대로 하면 모든 나열 방법은 5・4・3・2・1=5!가지가 된다. 이것이 $n!$이 나오는 구체적인 예시다.

$n!$은 정말 눈 깜짝할 새 불어나는데, 불어나는 양이 상당히 흥미롭다. 참고로 50!은 65자리나 된다. n이 충분히 크다면 $n!$은 '스털링의 공식'이라 불리는 다음 식으로 근사된다. 스털링은 18세기에 살았던 영국의 수학자다.

$$n! \approx \sqrt{2\pi n}\left(\frac{n}{e}\right)^n \quad (\pi\text{는 원주율}, e=2.71828\cdots)$$

이 공식은 확률 연구를 통해 1716년에 《우연의 교의》라는 명저를 쓴 드무아브르가 먼저 얻어냈다고도 한다.

한편, n개에서 m개만 골라 일렬로 나열하는 방법은 앞선 사고법에 따라 m개 부분에서 멈추면 되므로 $n \cdot (n-1) \cdot (n-2) \cdot \cdots \cdot (n-m+1)$가지이다. 이는 순열(permutation)이라고 불리며 $_nP_m$으로 나타낸다.

$$_nP_m = n \cdot (n-1) \cdot (n-2) \cdot \cdots \cdot (n-m+1)$$

이번에는 {사과, 딸기, 귤, 키위}에서 3개를 골라 선물할 때 몇 가지 방법이 있는지 생각해 보자.

(1) 먼저 '사과'를 넣고 싶다면 딸기와 귤과 키위가 남는다. 따라서 3가지 경우가 생긴다. 그런데 여기서 딸기까지 넣고 싶다면 나머지는 귤 아니면 키위 2가지이므로 사과를 넣는 경우는 $3 \cdot 2$가지가 있다는 뜻이다. 물론 이들 중에는 같은 경우가 포함된다.

(2) '딸기'를 처음에 넣은 경우에도 (1)과 마찬가지로 생각하면 되니 $3 \cdot 2$가지이다.

(3) (1) (2)와 합쳐서 생각해 보면 모두 $4 \cdot (3 \cdot 2) = 24$ $(= 4 \cdot 3 \cdot 2 \cdot 1 = 4!)$가지가 된다.

(4) 그러나 여기에는 같은 경우가 몇 가지 섞여 있기 때문에 그것까지 생각할 필요가 있다. 즉 중복을 제외해야 한다.

그러면 '사과'를 포함하는 세 가지 경우를 생각해 보겠다. 그것이 {사과, 딸기, 귤}이었다고 하자. {사과, 귤, 딸기}라는 조합도 생각할 수 있다. 따라서 사과를 처음에 선택했을 때 중복은 2가지가 된다. 이 사실은 딸기를 처음에 선택했을 때도 2가지가 일어난다. 또한 귤을 처음에 선택했을 때도 일어나므로 $3 \cdot 2 = 3 \cdot 2 \cdot 1 = 3!$가지 중복이 있는 셈이다. 이렇게 해서 중복이 없는 경우는 $4!/3! = 4$가지가 된다.

이는 조합(combination)이라 불리며 $_4C_3$이라는 기호로 나타낸다. $_4C_3 = 4$이다.

일반적으로 서로 다른 n개의 요소에서 m개를 고르는 방법의 총 개수는 $_nC_m$이라는 기호로 나타내며 다음 식과 같다.

$$_nC_m = \frac{n!}{m!(n-m!)}$$

그러나 $_nC_0 = 1$이며 $0! = 1$이다. n개 중에서 m개를 꺼내는 것은 n개 중에서 $(n-m)$개 꺼내는 것과 똑같으므로 다음 식이 성립한다.

$$_nC_m = {_nC_{n-m}}$$

조합 개수에 대해서는 역사적으로 여러 사람들이 연구를 했지만, 프랑스의 엘리건이 1634년에 펴낸《실용 산술》에서 $_nC_m$을 정의했다. 조합과 순열의 기초를 본격적으로 다진 사람은 라이프니츠다. 그 뒤로도 조합의 이론은 크게 발전했는데, 그중에서도 확률론에서 큰 역할을 하게 되었다. 한편 $_nC_m$은 다음 이항정리의 계수에 나오는 수라서 이항계수라고도 불린다.

$$(a+b)^n = a^n + na^{n-1}b + {_nC_2}a^{n-2}b^2 + \cdots$$
$$+ {_nC_m}a^{n-m}b^m + \cdots + nab^{n-1} + b^n \text{ (이항정리)}$$

무려 10세기에도 이 공식이 이미 알려져 있었다. 기원전 2세기 인도에서는 이항정리의 특별한 경우인 다음 식을 이미 알고 있었다. 역시 수 계산에 강한 나라는 역사적으로도 이런 업적이 많은 듯하다.

$$2^n = (1+1)^n = 1 + n + {_nC_2} + \cdots + {_nC_m} + \cdots + n + 1$$
$$= {_nC_0} + {_nC_1} + {_nC_2} + \cdots + {_nC_m} + \cdots + {_nC_{n-1}} + {_nC_n}$$

파스칼은 '파스칼의 삼각형'이라는 이항계수 만드는 법을 제시했다. 이것을 알아두면 편리하다.

$$(a+b)^0 = 1$$
$$(a+b)^1 = 1a + 1b$$
$$(a+b)^2 = a^2 + 2ab + b^2$$
$$(a+b)^3 = a^3 + 3a^2b + 3ab^2 + b^3$$

파스칼의 삼각형

$$(a+b)^4 = a^4 + 4a^3b + 6a^2b^2 + 4ab^3 + b^4$$

이 사실에서 다음 식을 유도할 수 있다.

$$_nC_m = {}_{n-1}C_{m-1} + {}_{n-1}C_m$$

이 삼각형은 16세기 독일의 천문학자이자 수학자인 아피아누스가 쓴 산술서에서 처음으로 등장했는데, 파스칼은 1세기 후에 그것을 연구했다. 17세기의 천재 수학자인 파스칼은 10대부터 수많은 수학 정리를 증명했다.

n이 자연수일 때 이항정리의 증명을 제공한 사람은 순열을 연구한 베르누이다. 이항정리는 '뉴턴의 이항식'이라고도 불리는데, n이 음수나 유리수, 또는 무리수에서도 성립하는 식을 뉴턴이 생각해 냈다고 해서 붙여진 이름이다. 여기서 n이 자연수인지 음수인지에 따라 결과가 결정적으로 달라진다. 이것이 수학의 재미이기도 하다. 음수가 되면 유한개의 합이 아니라 다음과 같이 무한급수(무한개의 합)가 된다.

$$(1+a)^{-1} = 1 - a + a^2 - a^3 + a^4 - a^5 + \cdots$$

일반적으로 임의의 실수 r에 대해서는 다음과 같다.

$$(1+a)^r = 1 + ra + \frac{r(r-1)}{2!}a^2 + \frac{r(r-1)(r-2)}{3!}a^3$$
$$+ \frac{r(r-1)(r-2)(r-3)}{4!}a^4 + \cdots$$

그 후 미적분학이 발전하면서 테일러 전개나 푸리에 급수 등을 비롯한 무한급수 이론은 해석학에 없어서는 안 될 존재가 되었다.

제 2 부

대학에서 배우는
교양 수학 기호

max ≤ sup ~ { | }

∧ ⊂ ¬ f:X→Y

ℵ rank

∨ δ ⊇

ε ∪ ∃

$\left|\begin{smallmatrix} a & b \\ c & d \end{smallmatrix}\right|$

21

N, R, Z, Q, C

숫자를 어디서 끊어야 할까

현대 수학은 집합의 개념 없이는 성립하지 않는다. 물론 수도 집합이다. 특히 N, R, Z, Q, C는 수의 집합을 나타내는 라벨 같은 역할을 한다.

N은 자연수의 집합에 붙인 라벨로 natural number의 머리글자를 땄다. 마찬가지로 R은 real number에서 왔으며 실수의 집합에 붙은 라벨이다. Z는 정수의 집합에 붙은 라벨인데, 독일어 찰렌(zahlen)에서 왔다. Q는 유리수의 집합에 붙은 라벨이다. 유리수는 rational number인데, R이 실수의 라벨이라서 알파벳 R 앞에 오는 Q를 쓰게 되었다는 설도 있지만 실제로는 몫(quotient)에서 왔다. C는 complex number의 머리글자로 복소수의 집합을 뜻한다.

이들의 관계는 $N \subset Z \subset Q \subset R \subset C$이다. 그러나 역사적으로 보면 꼭 왼쪽에서 오른쪽 순서로 발달한 것은 아니다. 이들 사이의 관계는 19

세기에 이르러서야 제대로 정비되었지만, 19세기 전에도 수론에 관해 많은 발견이 있었다는 사실을 보면 수학이란 모든 것을 명확히 알지 못해도 발전한다는 것을 여실히 증명하고 있다. '숫자란 무엇인가'에 대한 답은 결코 간단하지 않다. 그러나 이제는 그것을 설명하고 해석할 수는 있다.

3은 3개도 아니고 3명도 아니며 3대도 아닌, 단순한 3이다. 그러니까 구체적인 양에서 추출된 3이라는 추상적 개념이다. 따라서 3은 3대의 '삼'이면서 3개의 '삼'이라고도 할 수 있다.

자연수란 이름 그대로 가장 친근한 수이며 사물의 개수 등을 추상해서 얻은 것이다. 그러나 물의 양이나 길이 등 양적인 것을 측정하거나 나누게 되면서 그것을 표현하기 위해 분수(유리수)라는 개념이 생겨났다. 그리고 일상에서 과부족을 나타내는 표현은 나중에 대수적인 방정식을 풀며 생기는 음수의 개념으로 인식되었다. 더불어 온도를 재거나 빌린 돈을 나타내는 방향성을 가진 양으로서도 인식하게 되었다.

그 후 0을 단순히 빈자리만 나타내는 것이 아닌 수로 취급하게 되었고, 자릿수 기수법이 발달하면서 계산도 쉬워졌다.(0은 인도에서 발견했다고 하는데, 확실한 기록은 876년의 비문에서 볼 수 있다고 한다.) 16세기까지는 대학에 가야 나눗셈을 가르쳤다고 하니 지금과 비교하면 엄청난 격세지감이다.

한편, 이미 피타고라스 시대에 얻었던 무리수는 오랜 시간 동안 숫자로 여겨지지 않았다. 그러나 삼각법을 천문학에서 분리시킨 13세기 이란의 수학자 알투시는 양의 실수(유리수와 무리수) 개념에 도달했다고 한다.

게다가 17세기 전반기에 데카르트는 연속량과 수의 개념 사이의 불일치를 극복하고 '단위 선분'을 도입해 선분으로 작도를 함으로써 수의 사칙연산을 규정할 수 있었다. 실수를 선분으로 간주하게 되니 무리수와 음수까지도 해석할 수 있게 되었다. 수직선이 없었다면 아직까지도 수의 의미를 알 수 없었을 것이다.

뉴턴은 "수란 1들이 모인 것이 아니라 어떠한 양의, 그것과 같은 종에서 단위로 채용된 기준량에 대한 추상적인 비례이며 수는 정수, 분수, 무리수라는 세 종류로 이루어진다."라며 수의 현대적 해석을 제시했다. 심지어 극한의 개념까지 도입해 무리수를 유리수의 극한으로 해석하는 길을 열었다. 드디어 무리수를 손아귀에 쥐는 데 성공한 것이다! 16세기 수학자 스테빈은 임의의 실수를 소수로 무한히 근사하는 방법을 제시했다. 18세기에 오일러와 람베르트가 '무한소수가 순환하면 유리수'라는 사실을 주장했다. 이렇게 해서 무리수란 순환하지 않는 무한소수로 인식하게 되었다.

실수라는 개념의 기초는 19세기에 볼차노, 코시, 독일의 바이어슈트라스 등이 극한의 기본 개념을 엄밀하게 정의 내린 뒤부터 탄탄하게 다져졌다. 그 단서는 독일의 수학자 데데킨트가 생각한 '실수의 연속성의 고찰'에 있다. 실수의 연속성이란 실수에는 끊어지는 곳이 없다는 뜻이다.

2를 예로 들어 생각해 보자. 정수라면 2 다음에는 3이 오고, 2 바로 앞에는 1이 온다. 그러나 정수가 아닌 실수 범위에서는 2의 다음 수나 바로 앞의 수를 딱 집어 말할 수 없다. 이는 실수가 끊어지는 곳이 없고 이어져 있기 때문이다. 이것을 '실수의 연속성'이라고 한다.

'실수란 무엇인가?'라는 질문은 미적분 등의 기초를 생각할 때 매우 중요한데, 19세기가 되어서야 드디어 결론이 내려져 미적분의 기초가 확립되었다.

＝, ～, ≡

22

분명히 같지만 확실히 다르다

＝는 등호 기호로 이 기호 양쪽에 쓰이는 식이 같다는 것을 나타낸다. '2 더하기 3은 5'처럼 단순히 계산해서 답만 낸다면 ＝는 별 필요 없는 기호다. 이 기호는 방정식을 표현하거나 등식을 변형하는 등 식을 이리저리 손봐야 할 때 필요하다. 따라서 기호 대수가 번성하던 중세 시대 이전에는 이 기호가 크게 중요하지 않았다.

처음 ＝를 사용한 사람은 영국의 의사 레코드인데, ＝는 1557년 그가 쓴 책《지혜의 숫돌》에서 세상에 모습을 드러냈다. 레코드는 이 기호 ＝를 2개의 평행선만큼 세상에 같은 것은 존재하지 않기 때문에 사용했다고 하니, 이 기호는 평행선 기호에서 왔다고 추측할 수 있다. 실제로 레코드가 쓴 등호는 현재 사용되는 것보다 훨씬 더 길었다.

그러나 이때 잠시 등장한 ＝는 약 60년 후인 1618년에 에드워드 라이트가 로그의 주석서(로그의 발명은 네이피어)를 쓸 때까지는 사용되지 않았다고 한다. 17세기 후반부터 미적분을 탄생시킨 월리스, 배로, 뉴턴 등이 이 기호를 사용하기 시작했는데, 유럽 대륙에서는 같다는 단어의 약자 aeq.(aequales)를 쓰고 ＝는 다른 뜻으로 사용되었다. 그러나 그 후에 데카르트나 라이프니츠 등이 같다는 뜻으로 ＝를 사용하자 폭발적으로 보급되었다.

＝는 이 기호를 사이에 두고 양쪽에 적힌 내용이 같다는 뜻인데, 수학에서 '같다'라는 것은 다음과 같은 성질을 만족하는 것으로 규정한다.

(1) $A = A$

(2) $A = B$라면 $B = A$이다

(3) $A = B, B = C$라면 $A = C$이다

(1)은 반사율, (2)은 대칭률, (3)은 추이율이라고 부른다. 보통 ＝는 숫자나 수식에서 '같다'를 나타낼 때 쓰이는 일이 많고, 그 밖의 수학적 대상에 대해서는 각각 같다는 뜻을 나타내는 고유의 기호가 존재한다. 단, 각 기호들 모두 (1)~(3)을 만족하는 것이 원칙이다.

오늘날에는 (1)~(3)을 만족하는 관계를 동치 관계라고 한다. $\sim$, $\backsimeq$, $\simeq$, $\equiv$ 등도 ＝와 마찬가지로 동치 관계를 나타낸다. 이들이 다른 기호인 이유는 그것이 다루는 대상이 수나 식과는 다르기 때문이다. 동치 관계에 있는 두 대상을 같은 것으로 인식하는 순간 새로운 수학

이 전개되는 것이다. 이 중 ~는 쓰기 편리해서 다양한 의미로 쓰이는데, 다음과 같은 동치 관계를 나타내는 기호로도 쓰인다.

평면 위에 원점 O를 정하고 그 점을 지나 직교하는 두 직선을 생각했을 때, 평면 위의 모든 점은 이들 직선 위에 있는 O에서 x와 y만큼 떨어진 거리로 결정된다. 이것을 점의 좌표라고 한다. 라이프니츠가 가로선과 세로선(ordinata)을 통일해 좌표(co-ordinate)라고 부른 것이 시초다. 이 용어를 한자로 옮기는 과정에서 좌표(坐標)라고 번역했는데, 나중에 발음은 같고 한자만 다른 좌표(座標)가 되었다고 한다. 평면을 표기할 때는 그리스 문자($\alpha, \beta, \cdots$)가 쓰일 때가 많고 좌표 평면을 나타낼 때는 보통 R^2라는 기호가 쓰인다. 집합 기호로는 좌표 평면을 다음과 같이 표기한다.

$$R^2 = \{(x, y) \mid x, y\text{는 실수}\}$$

한편 이 평면 위의 점 사이에는 다음과 같은 관계 '~'를 도입한다. 두 점 $P(p_1, p_2)$와 $Q(q_1, q_2)$에 대해 다음과 같이 정의한다.

$$p_1 - q_1 = \text{정수이고}, p_2 - q_2 = \text{정수가 될 때 } P \sim Q$$

$P \sim Q$를 '점 P와 점 Q가 동치다'라고 한다.

이때의 관계 '~'는 위에서 설명한 (1)~(3)을 만족하므로 동치 관계다.

(1) $P \sim P$

(2) $P \sim Q$라면 $Q \sim P$

(3) $P \sim Q$ 또한 $Q \sim T$라면 $P \sim T$

실제로 $p_1 - p_1 = 0$, $p_2 - p_2 = 0$이며 정수이기 때문에 (1)이 성립한다. 또한 $p_1 - q_1 =$ 정수(m으로 둔다.)이고 $p_2 - q_2 =$ 정수(n으로 둔다.)라면 $q_1 - p_1 = -m$, $q_2 - p_2 = -n$으로 역시 정수가 되기 때문에 (2)가 성립한다. (3)의 성립 여부는 독자 여러분이 직접 생각해 보기 바란다.

이 정의에 따르면 $P(2, 3)$과 $Q(-4, 7)$은 동치이지만 $P(2, 3)$과 $T(5, 0.6)$은 동치가 아니다. 여기서 점 P와 동치인 점 전체를 $C(P)$나 $[P]$라는 기호로 나타내며, 점 P의 동치 관계(equivalence class)라 불린다. $C(P)$의 C는 class의 머리글자다.

평면 R^2의 점을 동치 관계로 묶은 $C(P)$를 새로운 점으로 생각하는 수학적 대상을 $R^2/\sim$라는 기호로 나타낸다. 집합적으로 표기하면 다음과 같다.

$$R^2/\sim = \{C(P) \mid P는 \ 평면 \ 위의 \ 점\}$$

이때 이 새로운 수학적 대상 $R^2/\sim$는 무엇을 나타낼까? 이를 '트러스'라 부르는데, 트러스는 아래 그림에 있는 도넛의 표면을 떠올리면 된다. 이 조작을 바탕으로 새로운 수학적 대상을 창조할 수 있다. 또는 역으로 트러스에 수학적 표현을 부여하고 수학의 대상으로 받아들일 수 있다.

 ～는 원래 등호나 두 도형의 닮음을 나타내는 기호로 쓰였다. 오늘 날에는 ∽가 닮음 기호다. ～는 라이프니츠가 닮음에 사용한 기호인데, ～와 =를 조합해서 '닮음인 동시에 똑같다'라는 뜻으로 ≃를 합동 기 호로 사용하지만 많이 쓰이지는 않는다. ～와 =를 직접 조합한 ≅를 18세기 후반부터 쓰게 되면서 그것이 훗날 합동 기호 ≡가 된 듯하다. ≡를 쓴 사람은 헝가리의 보여이라고 한다. 한편 독일의 리만은 1899 년《타원 관계론》에서 항등식을 나타낼 때 ≡를 썼으며, 오늘날에도 ≡ 는 기하학적 대상과 대수적 대상에 모두 쓰인다.

 기하학에서 쓰는 합동 ≡은 두 삼각형 $\triangle ABC$와 $\triangle EFG$를 겹쳤 을 때 정확히 포개진다는 뜻이고, $\triangle ABC \equiv \triangle EFG$라고 쓴다. 한편

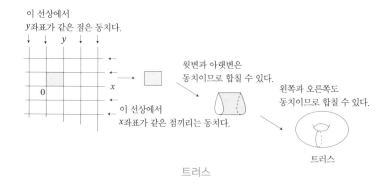

이 선상에서
y좌표가 같은 점은 동치다.

윗변과 아랫변은
동치이므로 합칠 수 있다.

왼쪽과 오른쪽도
동치이므로 합칠 수 있다.

이 선상에서
x좌표가 같은 점끼리는 동치다.

트러스

트러스

대수에서는 두 정수 m, n에 대해 $m \equiv n \pmod 7$이라고 쓰면 $m - n$이 7로 나누어떨어진다는 것을 나타낸다. 바꿔 말하면 m, n을 7로 나눴을 때 나머지가 같다는 뜻이다. 이때의 $\equiv$도 (1)~(3)을 만족한다. 즉 여기서는 7로 나눈 나머지가 똑같은 숫자는 같은 것으로 간주하는 것이다.

보통 대수에서 사용하는 $=$는 주석을 필요로 하지 않지만, 그밖에 $\equiv$ 등의 기호는 대부분 주석을 필요로 한다. 수학 기호는 문장으로 일일이 써서 표현하지 않고 생략하기 위한 수단이며, 각 대상마다 독자적으로 쓰인다. 따라서 어느 카테고리에 속하는 주제인가에 따라 기호의 의미가 달라질 수 있다.

≤, <

23

수학 불평등 기원론

≤는 크기를 나타내는 기호다. ≤와 <는 왼쪽보다 오른쪽이 크다는 표시인데, ≤는 왼쪽이 오른쪽과 같아도 된다는 뜻이다. 기호 자체는 초등학교에서도 배우지만, 이 기호에는 그보다 깊은 뜻이 담겨 있다.

16세기 영국의 수학자 해리엇은 당시 방정식론을 이끌던 사람이었는데, 그가 사망하고 10년 후인 1631년에 출간된 《연습해석술》에 <와 >가 나온다. ≤는 그보다 1세기 후인 1734년 프랑스의 측지학자 부게의 책에서 사용되었다.

어떤 실수 x에 대해서도 $x^2 \geq 0$이나 $x^2 + 1 > 0$이 성립한다. 이 문장은 중학교에서 배우는 실수의 성질을 나타내는 것이다. 뒤의 부등식에는 =이 없다. 이렇게 이차부등식일 때는 ≥인지 >인지가 중요한 문제들이 많다.

해석학(대수학, 기하학과 버금가는 수학 연구 분야 중 하나로 미분이나 적분의 개념을 기초로 함수의 연속성에 관한 성질을 연구한다.)은 부등식의 학문이라고도 한다. 왜냐하면 부등식을 활용하여 정의되는 개념이 매우 중요하기 때문이다. 대학 첫해에 나오는 연속성의 정의에서 화려하게 등장하는 $\varepsilon - \delta$(엡실론-델타) 논법에서 부등식의 의미를 파악하는 것이 매우 중요하다. 아래는 중고등학교에서 많이 접했던 산술평균 $\dfrac{a+b}{2}$와 기하평균 $\sqrt{ab}$에 관한 부등식이다.

$$\frac{a+b}{2} \geq \sqrt{ab}$$

이 부등식은 둘레 길이가 일정한 직사각형 중에서 넓이가 가장 큰 것은 정사각형이라는 사실을 나타낸다. 이는 =의 존재가 있기 때문에 가능한 것이다. 또한 벡터 $a = (x_1, y_1, z_1)$, $b = (x_2, y_2, z_2)$의 내적에 관한 부등식으로 잘 알려진 코시 슈바르츠 부등식이 있다.

$$(x_1 x_2 + y_1 y_2 + z_1 z_2)^2 \leq (x_1{}^2 + y_1{}^2 + z_1{}^2)(x_2{}^2 + y_2{}^2 + z_2{}^2)$$

이 식은 대입 수능에서 종종 출제되는 부등식이기도 하다. 좌변의 ( ) 안은 벡터 a와 b의 내적이라 불리며 $a \cdot b$로 표기한다.(43장 참고) 한편 우변은 벡터 a, b의 길이를 제곱한 것이다. 즉,

$$a \cdot b = x_1 x_2 + y_1 y_2 + z_1 z_2$$

$$a\text{의 길이} = \sqrt{x_1^2 + y_1^2 + z_1^2}$$

$$b\text{의 길이} = \sqrt{x_2^2 + y_2^2 + z_2^2}$$

이 부등식이 중요한 이유는

$$\frac{|x_1 x_2 + y_1 y_2 + z_1 z_2|}{\sqrt{x_1^2 + y_1^2 + z_1^2}\sqrt{x_2^2 + y_2^2 + z_2^2}} \leq 1$$

에서, 벡터 a와 벡터 b가 이루는 각 θ를

$$\cos\theta = \frac{|x_1 x_2 + y_1 y_2 + z_1 z_2|}{\sqrt{x_1^2 + y_1^2 + z_1^2}\sqrt{x_2^2 + y_2^2 + z_2^2}}$$

으로 정의할 수 있기 때문이다.

위 식이 성립한다는 사실은 기하학적으로도 확인할 수 있으며 $a \cdot b = (a\text{의 길이}) \cdot (b\text{의 길이}) \cos\theta$로 잘 알려져 있다. 기하학적 직감을 발휘할 수 없는 곳에서는 두 벡터가 이루는 각 θ를 이 식으로 구할 수 있는 것이다.

그런데 두 수를 생각했을 때, 예를 들어 2와 3이라는 수가 있다고 하면 2는 3보다 확실히 작으므로 2<3이다. 일반적인 두 수를 임의로 생각했을 때, 그것을 a와 b라고 하면 $a<b$, $a=b$, $b>a$ 중 하나가 된다.

그러나 단순히 크기만 나타내고 싶다면 그냥 수를 보면 알기 때문

에 굳이 이 기호를 쓸 이유는 없다. 부등식 기호가 중요한 이유는 바로 조작성이다. 다시 말해 부등식 기호를 써서 식을 조작할수록 위력을 발휘하는 것이다. 예를 들면 2<3이라는 두 수에 −1을 곱하면 −2>−3이 된다거나, $a<b$가 되는 두 수가 있을 때 각각 더해서 $a+2<b+3$이 된다는 식으로 말이다.

음수를 이제 막 배운 중학생이 자주 실수하는 부분은 아래와 같다.

$$a>b, c>d \text{ 라면 } a-c>b-d \text{ (오답)}$$

또한 음수를 곱하는 식에서도 자주 실수하곤 한다.

$$a>b, c<0 \text{ 이라면 } a \cdot c < b \cdot c \text{ (정답)}$$

한편, 수(실수)의 크기($\leq$)에 주목하면 다음과 같은 성질이 성립한다.

(1) $a \leq a$

(2) $a \leq b$와 $b \leq a$가 동시에 성립한다면 $a=b$

(3) $a \leq b, b \leq c$라면 $a \leq c$

그러나 이러한 성질이 반드시 수처럼 대소 관계에만 적용되는 것은 아니다. 일반적으로 두 원소 a, b 사이에 (1) (2) (3)이 성립하는 관계가 존재하는 경우, 이런 관계를 '순서'라고 한다. 나아가 a와 b 사이에 $a \leq b$ 혹은 $a \geq b$ 중 하나가 반드시 성립할 때 '전순서'라고 한다.

기호 $\leq$는 대소 관계뿐만 아니라 순서에서도 쓰인다. 여기서 개, 고양이, 새로 이루어진 모임이 있다고 하고 다음과 같이 정의해 보자.

$A = \{$개$\}, B = \{$고양이$\}, C = \{$새$\}$

$D = \{$개, 고양이$\}, E = \{$개, 새$\}, F = \{$고양이, 새$\}$

$G = \{$개, 고양이, 새$\}$

이때 $X = \{A, B, C, D, E, F, G\}$로 두고 순서 관계를 생각해 보자.

A와 D를 비교해 보면 A의 원소는 모두 D에 포함된다는 사실을 알 수 있다. 이런 경우에는 $A \leq D$로 쓰도록 하겠다. 이렇게 하면 $\leq$가 (1) (2) (3)을 만족한다는 사실을 나타내기란 간단하다.(직접 쓰면서 이해해 보자.) 그러나 A와 C를 생각했을 때는 $A \leq C$도 $A \geq C$도 아니다. 따라서 이 순서는 전순서가 아니다. 즉 임의의 집합에 순서를 생각할 수는 있지만 항상 순서를 정의할 수 있는 것은 아니다.

실수는 대소 관계와 순서 관계가 모두 일치하는 특별한 경우다. 이 사실은 수를 이해하고 계산하는 데 큰 도움을 준다. 초등학교 때 순서를 소리 내어 읽고 계산했던 추억을 떠올려보자. 수에는 서수(순서를 나타내는 수)와 기수(사물의 개수를 나타내는 수)가 따로 있는 것이다.

⊂, ⊆

24

수학의 전설이 시작된 기호

⊂는 '포함한다, 포함된다'라는 두 집합의 관계를 나타내는 기호다. 특별한 유래 없이 그 뜻이 가장 잘 나타나는 형태를 기호로 만든 것으로 추측된다.

집합이란 간단히 '수학의 대상이 되는 사물의 모임'을 말하는데, 애초에 그 집합에 속하는지 속하지 않는지 명확히 할 필요가 있다. 즉 수학에서 '잘생긴 사람의 모임'처럼 주관적인 것은 집합이 아니다.

두 집합 A, B가 있고, A가 B에 포함되어 있다는 것을 $A \subset B$로 나타낸다. 이 두 집합의 관계를 포함 관계라고 한다. 예를 들어 B를 지구에 있는 모든 이륜차라고 하고, 지구에 있는 모든 자전거의 집합을 A라 하면 $A \subset B$가 된다. 이처럼 한 집합 A가 다른 집합 B에 포함되면서 두 집합이 같지는 않을 때 A를 B의 진부분집합이라고 부르며 이를 강조할 때 $A \subsetneq B$라고 쓴다. ⊆, ⊇는 두 집합에서 한쪽이 다른 쪽에 포함되는 것이 확실하지만, 그것이 진부분집합인지 불명확할 때 쓰인다.

예를 들어 A를 두 변이 같은 삼각형(이등변삼각형)의 집합이라 하고 B를 두 각이 같은 삼각형의 집합이라고 했을 때, 중학교 수학에서 배우는 '이등변삼각형의 두 밑각은 같다'라는 정리를 사용하면 $A \subset B$ 이다. 여기서 A가 진부분집합인지 아닌지가 불분명할 때는 $A \subseteq B$라고 쓰는 것이 무난하다. B에 대해서도 마찬가지이므로 $A \supseteq B$도 성립한다. 이처럼 $A \subseteq B$와 $A \supseteq B$가 모두 성립하면 $A = B$가 된다. 두 집합이 같다는 것을 나타내려면 지금 설명한 것처럼 $A \subseteq B$와 $A \supseteq B$가 모두 성립한다는 것을 보이면 된다.

집합에서 쓰는 기호 대부분은 19세기의 이탈리아 수학자 페아노가 만들었다. 집합의 개념은 19세기 독일의 수학자 칸토어 이후에 발전했으니 비교적 최근의 일이다. '수학은 집합을 기초로 거기에 있는 구조와 관계성을 알아보는 것'이라고 생각하면 이해하기 쉽다.

이 관점에서 수학을 완전히 바꿔보려고 했던 사람들이 프랑스의 부르바키(당시 수학자들이 집단으로 사용한 필명)였다. 부르바키를 중심으로 학교 수학 교육을 집합의 관점에서 파격적으로 개편하려는 움직임이 있었지만 결국 실현되지는 않았다. 이 시도가 실패한 많은 이유가 있지만, 무엇보다 수학적 개념이 아직 자리 잡히지 않은 아이들에게 집합이라는 일반적이고 추상적인 개념은 매우 어렵기 때문이다. 더 체계적으로 가르치는 것도 물론 중요하지만, 그에 앞서 아이들의 발달을 고려해 쉽게 이해할 수 있도록 교육하는 것도 중요한 일이다.

∩, ∪

25

둘 다이거나 둘 중 하나이거나

이 두 기호는 집합을 다룰 때 쓰는 연산 기호다. 쉽게 이해하기 위해 예를 들겠다. 다영이가 좋아하는 아이돌의 집합을 A라 하고, 성욱이가 좋아하는 아이돌의 집합을 B라고 하자.

이때 다영이와 성욱이가 모두 좋아하는 아이돌의 집합은 $A \cap B$로 나타내며 A와 B의 교집합(공통집합)이라고 한다. 한편, 다영이와 성욱이가 각각 좋아하는 아이돌을 모두 합친 집합은 $A \cup B$로 나타내며 A와 B의 합집합이라고 한다. ∪라는 기호는 합(union)의 머리글자에서 따온 것으로 추측된다.

집합의 연산에는 다음과 같은 성질이

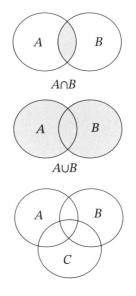

$A \cap B$

$A \cup B$

집합의 곱셈과 덧셈

있는데, 영국의 드모르간이 제시했다. 따라서 이를 드모르간의 법칙이라 부른다.

(1) $A \cap (B \cup C)$

$\quad = (A \cap B) \cup (A \cap C)$

(2) $A \cup (B \cap C)$

$\quad = (A \cup B) \cap (A \cup C)$

∩를 ×(곱셈)이라 생각하고, ∪를 +(덧셈)으로 생각하면 (1)은 다음과 같다. 즉, 일반적인 곱셈이나 덧셈이 만족하는 성질(분배 법칙)과 같다.

$$A \times (B+C) = (A \times B) + (A \times C)$$

따라서 ∩를 '맺음'이나 '공유', 또는 '곱'이라고 하며 ∪를 '합병' 또는 '합'이라고 부른다. 그러나 (2)는 다음과 같기 때문에 일반적인 의미의 곱셈이나 덧셈과는 또 다르다는 사실을 알 수 있다.

$$A + (B \times C) = (A+B) \times (A+C)$$

물론 A와 B가 공유를 갖지 않을 때도 있다. 예를 들어 다영이와 성욱이가 좋아하는 아이돌이 하나도 겹치지 않는 경우다. 이는

A∩B=∅로 나타낸다. ∅(파이)는 원소가 하
나도 없는 집합이라는 뜻이며 공집합이라고
한다.

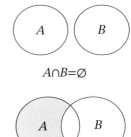

$$A\cap\phi=\phi, A\cup\phi=A$$

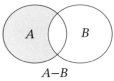

A−B

공집합과 차

∅는 정확히 숫자 0처럼 기능한다. 이 밖
에도 차라고 불리는 집합의 연산을 정의할
수 있는데, 이때는 일반적인 차를 계산하는 것과 똑같이 −라는 기호를
쓴다. $A-B$는 A에 포함되지만 B에는 포함되지 않는 원소의 집합을 나
타낸다. 다영이가 좋아하는 아이돌 중에서 성욱이가 좋아하는 아이돌
을 뺀 나머지 집합을 뜻한다. 그러나 집합에서 $B-(B-A)=A$는 성립
하지 않기 때문에 이 역시 일반적인 뺄셈과는 다르다.

모든 아이돌의 집합을 X로 나타낸다고 하면 $A{\subset}X$이며 $B{\subset}X$이다.
여기서 $X-A$를 A^c로 나타내며 A의 여집합이라고 한다. 즉 다영이가 좋
아하는 아이돌을 제외한 나머지 모든 아이돌
을 나타내는 것이다. 뜻을 생각하면 $(A^c)^c=A$
이다.

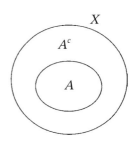

여집합

나아가 A와 B의 맺음(∩)과는 다른 곱
집합 $A{\times}B$라는 것을 생각할 수 있다. 이것은
A에서 x라는 원소 하나를 갖고 오고, B에서

집합 A×B

도 y라는 원소 하나를 갖고 와서 그 짝인 (x, y)로 이루어진 집합을 생각하는 것이다. 즉 집합 기호로는 다음과 같이 쓸 수 있다.

$$A \times B = \{(x, y) \mid x \text{는 } A \text{의 원소}, y \text{는 } B \text{의 원소}\}$$

이것은 A와 B에서 별개로 새로운 집합을 만들어낼 때 쓴다. 예를 들어 $A = R$(실수 집합), $B = R$이라면 $A \times B = R \times R$이고 이것은 좌표 평면을 나타내며 R^2이라고 쓴다.

(x, y)는 평면 위의 좌표를 나타낼 때 자주 쓰이기 때문에 익숙하겠지만, (x, y)가 아닌 일반적인 경우를 고려하여 위와 같이 집합의 형태로 정의한다. 예를 들어 $A = $ 원, $B = [0, 1]$이라면 집합 $A \times B$는 원기둥을 나타낸다.(위 그림 참고)

집합 $A \times A$는 옆의 그림처럼 트러스(도넛의 표면)를 나타낸다고 추측할 수 있다. 재미있게도 이미 알려진 수의 세계에 비추어 다양한 연산을 생각해 보면 또 다른 세계가

집합 A×A

펼쳐진다. 이들 기호 ∩, ∪는 집합에 대한 연산이고, 일반적인 수의 연산과 매우 흡사하지만 또 한편으로는 완전히 다른 부분도 있다.

이때 집합과 떨어뜨려 그 연산과 그것이 만족하는 법칙성에만 주목해 생각한 것이 '속' 또는 '부울 대수'라 불리는 개념인데, 전기공학의 스위치 회로 이론 등에 사용된다. 부울은 19세기 영국의 수학자로 기호논리학의 창시자이기도 하다.

∈, ∀, ∃

26

익숙해지면 편리한 기호들

∈는 집합론에서 사용되는 기호다. 특히 집합과 그 원소의 관계를 나타내는 기호인데 ⊂, ⊃가 집합과 집합의 포함 관계를 나타내는 기호였던 것과 달리 ∈는 집합과 그 원소의 관계를 나타낸다.

$$x \in R$$

$$x \notin N$$

이렇게 쓰면 x는 자연수가 아닌 실수라는 뜻이다.(대문자 R은 실수의 집합을 나타내는 기호, 대문자 N은 자연수의 집합을 나타내는 기호로 쓰인다. 21장 참고)

기호를 사용하면 논리적으로나 시각적으로나 간결해지기 때문에 그 후의 사고를 전개할 때 효율이 높아진다는 장점이 있다. 참고로 이들 기호는 주로 논리 명제에 사용되는 기호다. 집합이나 논리에 관한 기호 대부분은 이탈리아 수학자 페아노가 도입했다.

한편, ∀는 any(독일어로는 alle)의 a를 대문자 A로 바꾸고 거꾸로 뒤집은 기호인데, '임의의' 또는 '모든'이라는 뜻으로 쓰인다. 따라서 ∀x는 '임의의 x' 또는 '모든 x'라는 뜻이다. ∀x∈R이라고 쓰면 '임의의 실수 x'라는 뜻이다.

∃는 exist(독일어로는 existieren)의 e를 대문자 E로 바꾸고 뒤집은 기호인데, '존재한다'라는 뜻으로 사용된다. 따라서 단독으로 ∃x∈R로 쓰이는 경우는 많지 않고, 그 후에 조건문이 붙는 경우가 많다.

예를 들어 $\sqrt{2}$가 무리수라는 사실을 나타낼 때는 $\sqrt{2}$가 유리수라고 가정한 다음 모순을 이끌어내는데, 이때 '$\sqrt{2}$가 유리수(분수)로서 표현되는 서로소인 자연수 m과 n이 존재한다'라는 주장을 펼친다. 이를 수학 기호로 쓰면 다음과 같다.

$$\exists m, n \in \mathrm{N} ; \sqrt{2} = \frac{n}{m}, (m, n) = 1$$
$$\text{또는}$$
$$\exists m, n \in \mathrm{N} (\sqrt{2} = \frac{n}{m}, (m, n) = 1)$$

기호 ; 또는 ( )로 이어지는 것들은 조건문을 나타낸다. ∃m, n∈N 다음에 오는 식이 'm, n에 관한 조건입니다'라는 사실을 나타내는 기호인데, 기호논리학에서는 주로 ( )을 이용하는 듯하다.

더 쉽게 말하자면 '$\sqrt{2}$가 서로소인 어떤 자연수 m과 n의 분수로 표현되었다'라는 뜻이다. 이와 같은 가정 아래에서 모순을 이끌어내 무리수라는 사실을 증명하는 것이다. $(m, n)=1$은 m과 n이 서로 1 이외의 약수를 가지지 않는다(이것을 서로소라고 한다.)는 것을 나타낸다.

이들 기호는 그 의미를 공부하는 것보다는 몸으로 부딪치며 익숙해져야 하는 기호인데, 익숙해지면 아마 얼마나 편리한지 알게 될 것이다.

$f : X \rightarrow Y$

일대일 대응이란?

집합과 함수는 현대 수학에서 가장 기본이 되는 개념이다. 함수를 한 마디로 설명하면, 집합에 부여된 구조를 살피면서 동시에 두 집합 사이의 관계성을 대응이라는 개념으로 고찰하는 학문이다.

두 집합 X와 Y 사이에 집합 X의 임의의 원소 x에 대한 집합 Y의 원소 y가 단 하나만 정해지는 관계(대응)가 존재할 때 그 작용을 f라는 기호를 사용해 아래와 같이 쓴다.

$$f(x) = y$$

이때 f를 X에서 Y로의 함수(또는 사상)라고 하며, 기호로는 이렇게 나타낸다.

$$f : X \to Y$$

집합 X를 정의역, Y를 공역이라고 부르기도 한다. 함수라는 명칭은 X나 Y가 수의 집합(실수나 복소수)일 때 사용된다. 수가 아닌 경우에는 사상이라는 말을 좀 더 많이 쓴다.

예를 들어 어떤 학교의 학생 명단에서는 학생 번호를 사용해 사람과 숫자를 대응시키기도 한다. 이때는 수가 아니므로 사상이라고 할 수 있으며 아래와 같다.

$$X = \text{학생 집합}, Y = \text{학생 번호}, f = \text{학생 명단}$$

영어 사전은 영단어에 뜻을 대응시키는데, 그 대응은 일대일 대응이 아니므로(한 단어에도 여러 가지 뜻이 있으므로) 사상이라고 하지 않는다. 만약 영어와 한국어가 일대일 대응이었다면 손쉽게 번역기를 만들 수 있었을 것이다. 반대로 말하면 일대일 대응이 아닌 것을 다루기가 그만큼 까다롭다는 뜻이다.

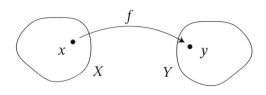

일대일 대응

2000년대 초반부터 지금까지 꾸준히 커플을 맺어주는 미팅 프로그램이 인기를 끌곤 한다. 주로 대화나 식사 시간 등을 거쳐 고백할 상대를 정하는 식으로 진행되는데, 여기서는 여성이 마음에 드는 남성을 지목하는 것으로 예를 들어보자.

$$X = \text{여성 집합}, Y = \text{남성 집합}$$

여성이 마음에 드는 남성을 고른다는 작용을 f라고 두면 f는 X에서 Y로의 대응이다. 이 게임에서 한 남성이 여러 여성에게 지목을 받을 수는 있지만, 한 여성이 여러 남성을 지목하거나 아예 지목하지 않으면 규정 위반이다. 예를 들어,

$$X = \{a, b, c, d\}, Y = \{A, B, C, D\}$$

라고 했을 때,

$$f(a) = B, f(b) = C, f(c) = B, f(d) = B$$

이렇게 되어도 상관없다. B는 여성 3명에게 지목받은 인기남이다. f는 X에서 Y에 대한 사상이다. 반대로 남성이 여성을 선택하는 사상 g가 다음과 같다고 하자.

$$g : Y \to X : g(A)=a, g(B)=c, g(C)=d, g(D)=b$$

앞의 예시와 달리 이번 g에서는 남성의 선택이 겹치지 않았다. 이러한 사상 g를 Y에서 X로의 일대일 대응이라고 한다. 이때는 우연히 과부족이 없는 지명이 되었다. 위의 f에서는 A와 D가 지목되지 않았기 때문에 일대일 대응이라고 할 수 없다.

또한 $f:X \to Y$와 $g:Y \to X$을 결합해 새로운 사상을 생각할 수 있다. 그것은 $g \cdot f$나 $g \circ f$라는 기호로 나타낸다.

$$g \circ f : X \to X$$

이러한 사상은 다음과 같이 정의된다.

$$(g \circ f)(x) = (g(f(x)))$$

$g \circ f$를 f와 g의 합성 사상이라고 한다. 앞의 예시로 보면 $g \circ f$는 여성이 여성을 선택하는 사상인 셈이므로 미팅의 의미는 이제 없다. 이 사상이 나타내는 결과는 $a \to c$, $b \to d$, $c \to c$, $d \to c$이고, 결과적으로 c만 대응되었다는 사실을 나타낸다.

이 g와 같은 일대일 사상에 대해서는 g의

합성 사상

역의 대응을 생각할 수 있다.

$$g : Y \to X ; A \to a \quad B \to c \quad C \to d \quad D \to b$$

이것에 대해 X에서 Y로의 사상으로

$$a \to A \quad c \to B \quad d \to C \quad b \to D$$

이렇게 역으로 되는 것을 생각할 수 있다.

이것을 g^{-1}이라는 기호로 나타내고 g의 역사상이라고 한다. 오른쪽 위의 지수 -1은 역을 나타내는 기호다. 수의 경우에도 지수 -1을 붙인 2^{-1}은 2의 역수를 나타낸다. 수에서는 $2 \times 2^{-1} = 2^{-1} \times 2 = 1$이지만, 사상에서는

$$g : Y \to X ; A \to a \quad B \to c \quad C \to d \quad D \to b$$
$$g^{-1} : X \to Y ; a \to A \quad c \to B \quad d \to C \quad b \to D$$

이러한 사상에서 g와 g^{-1}의 합성 사상인,

$$g^{-1} \circ g$$

를 생각하면 다음과 같다.

$$A \to A \quad B \to B \quad C \to C \quad D \to D$$

즉 자신을 자신에게 대응시키는 사상이
다. 이를 항등 사상이라고 하며 I_Y라는 기호
로 나타낸다.

즉 아래와 같다.

항등 사상

$$g^{-1} \circ g = I_Y$$

이처럼 ∘는 사상과 사상의 곱셈 같은 역할을 하는데, I_Y는 숫자
1의 역할을 한다. 단, 사상과 사상의 곱셈(곱)이라는 개념이 따로 있으
니 엄연히 다르긴 하다. 이 때문에 •보다는 ∘가 쓰인다.

수학은 수에서 성립하는 성질을 구체적인 모델로 삼아 수 이외의
것으로 더 넓게 생각하고 수학적 대상을 구조화해 새로운 수학을 펼쳐
나간다. 그리고 거기서 도출된 결과를 여러모로 사회에 활용하려고 한
다. 수학에서도 세계화, 보편화가 중요하다는 것이다.

사상의 구체적인 예시로는 $f(x) = x^2$나 $g(x) = \sin x$ 등의 함수를
들 수 있다. 물리적인 현상이나 경제적인 사건은 모두 함수라는 형태
로 인식할 수 있다.

이 함수가 그 토대(정의역이나 치역)의 실수 구조와 딱 들어맞는다는 사실에서 연속성이나 미분 가능이라는 함수의 성질을 생각할 수 있고, 그 성질을 사용하여 수학적으로 다양한 분야의 문제를 해결할 수 있다.

함수의 개념은 중세 시대부터 페르마나 데카르트, 뉴턴이나 라이프니츠 등이 명확한 정의 없이 암묵적으로 사용해 왔지만, 함수가 비로소 해석학의 기초가 된 것은 오일러 이후다. 18세기에 이르러 라이프니츠가 처음으로 함수(function)라는 말을 썼다. 나중에 이 function의 f를 기호로 사용하게 되었다.

28

숫자의 농도

이 이상하게 생긴 기호는 알레프라고 읽는다. 이 기호는 히브리어 알파벳의 첫 문자이기도 하다. 수학에서 말하는 알레프는 19세기에 집합론의 기초를 쌓은 독일의 칸토어가 고안한 '실수의 개수를 나타내는 기호'다. 물론 실수의 개수는 무한히 많다.

칸토어는 집합의 원소 개수를 나타낼 때 개수를 일반화한 '농도'라는 개념을 도입해 두 집합이 서로 일대일 대응을 이룰 때 두 집합의 농도가 같다고 했다. 일대일 대응이란 두 집합의 원소가 서로 하나에 하나씩만 대응되어 남는 원소나 모자란 원소가 없다는 뜻이다.

도요토미 히데요시가 오다 노부나가에게 산에 있는 나무 개수를 모두 세라는 명령을 받았을 때, 히데요시는 아내에게 줄을 가져오라고 한 뒤 적당한 길이로 자르고, 그 자른 줄을 모든 나무에 동여매라고 명령했다는 일화가 있다. 그는 나무 개수를 세는 대신 준비한 줄에서 남은 줄의 개수를 셌다. 이는 나무의 집합과 사용한 줄의 집합이 일대일 대응이 된다는 사실을 이용한 것이다. 칸토어 역시 두 집합 사이에서 일대일 대응이라는 개념을 확립했고, 원소 자체의 수를 세지 않고 두 집합을 비교하는 방법을 발견했다.

여담이지만 20세기에 피아제라는 스위스의 심리학자에 따르면, 아직 수를 세지 못하는 아이들도 두 집합의 개수를 비교할 수 있는 이유가 일대일 대응 덕분이라고 한다. 지금 일대일 대응은 수라는 개념을 확장하는 데 굉장히 중요한 개념이 되었다.

유한개의 원소만 포함하는 집합을 유한 집합이라고 한다. 일반적으로 유한 집합의 농도는 원소의 개수와 같으므로 0 또는 자연수로 나타낸다. 개수가 0일 때가 있는지 없는지 의문이 들겠지만, 빈 지갑처럼 아무것도 포함하지 않는 집합을 생각해 두면 여러모로 편리하다. 아무것도 포함하지 않는 집합은 ϕ라는 기호로 나타낸다. 즉 이 ϕ의 농도는 0이다. 이런 식으로 집합의 원소 개수를 세는 데 성공했는데, 이를 개수의 산술화라고 한다.

유리수란 분수 $\frac{q}{p}$의 형태로 쓸 수 있는 수를 말하는데, 이 집합은 Q라는 문자로 나타낸다. 유리수의 집합 Q는 자연수 N = {1, 2, 3, …, n, …}을 포함하지만, 그 농도는 놀랍게도 자연수와 똑같다.

유리수 $\frac{q}{p}$를 평면 위의 점 (p, q)라고 생각하면, 유리수 전체는 평면 위의 정수를 좌표로 가지는 점(격자점)이라고 생각할 수 있다. 상식적으로 생각하면 평면 위의 격자점 개수가 자연수보다 더 큰 것처럼

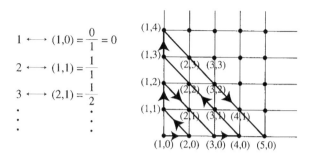

$$1 \longleftrightarrow (1,0) = \frac{0}{1} = 0$$

$$2 \longleftrightarrow (1,1) = \frac{1}{1}$$

$$3 \longleftrightarrow (2,1) = \frac{1}{2}$$

유리수와 자연수의 농도

여겨진다. 그러나 위 그림을 보면 격자점의 농도는 자연수의 개수와 같다는 사실을 알 수 있다.

실제 이 방법으로 모든 유리수를 나타내고 화살표 경로를 따라가며 중복되는 부분을 건너뛰고, 음수 쪽도 생각하면 N과 Q가 일대일 대응한다는 사실을 알 수 있다.

자연수의 농도는 가산 무한(1, 2, 3, …으로 번호를 매길 수 있는 무한)이고, 이것을 알레프 제로라고 하며 $\aleph_0$라고 쓴다. 따라서 Q의 농도는 $\aleph_0$이다.

그러나 실수의 농도는 유리수의 농도보다 커서 직감으로는 구분하기 어렵다. 실수의 농도는 자연수의 농도와 달리 번호를 매길 수 없는 무한이라서 비가산 무한이라고 불린다. 그 농도를 알레프라고 하며 $\aleph$라고 쓴다. $\aleph_0 < \aleph$이다.

집합론은 수학의 기초를 생각하는 수단으로 19세기 후반에 칸토어가 제기했다. 칸토어 전에도 독일의 바이어슈트라스나 그 제자인 볼차노, 나아가 데데킨트 등도 집합론에서 중요한 몇 가지 원리들을 주장했다. 유한과 무한, 이산과 연속을 어떤 식으로 생각하는지는 고대 시대부터 철학적 문제였지만, 그것을 수학적으로 다루고 통일적인 해결 방법을 제시한 사람이 바로 칸토어였다.

실수의 엄밀한 정의나 극한 및 함수의 개념 등 17세기의 미적분학이 남긴 여러 문제에 확고한 기초를 준 것이 집합론이었다. 그러나 이러한 칸토어의 업적은 생전에 인정받지 못한 채 세상을 떠날 때까지 불우한 생애를 보냈다.

29

∧, ∨, ㄱ, →

햄릿이 이 기호를 알았더라면

수학에서 쓰이는 논리 기호인 ∧는 '그리고(and)'라는 뜻이며 ∨는 '또는(or)'이라는 뜻이다. → 는 '~ 이면'이라는 뜻인데, 'p이면 q이다'라는 것을 $p \to q$라고 표기한다.

여러분 중에 "날 사랑해, 안 사랑해? 대답해!"라며 사랑싸움을 겪은 분들이 있을지 모르겠다. 어떤 판단을 언어로 나타낸 것을 명제라고 부르기로 한다면, '사랑한다'라는 것은 하나의 명제다. 이 명제를 p로 나타내기로 하자. 이때 '사랑하지 않는다'도 명제다. 이것을 q로 나타내기로 하자. (단, 원래 수학에서 명제는 참과 거짓을 분명히 판별할 수 있는 문장 또는 식을 의미한다. 따라서 엄밀히 말하면 '사랑한다'는 명제가 될 수 없다.)

p : 사랑한다, q : 사랑하지 않는다

라면,

(1) $p \wedge q$는 '사랑한다'와 동시에 '사랑하지 않는다'라는 뜻이다.
(2) $p \vee q$는 '사랑한다' 또는 '사랑하지 않는다'라는 뜻이다.

수학은 감정을 표현하는 학문이 아니므로 (1)과 같이 '사랑하지만 사랑하지 않을지도 모른다'라는 문학적인 표현은 취급하지 않는다. 즉 "사랑해, 안 사랑해? 대답해!"라는 앞의 질문에 대해서는 p인지 q인지 둘 중 하나를 고르는 것이 수학의 입장이다. 물론 실제 상황에서는 수학처럼 되지 않아 고민에 빠지게 된다. "죽느냐 사느냐, 그것이 문제로다!"를 외친 햄릿도 이런 이유로 고뇌에 빠졌던 것이다.

어떤 명제 p를 부정하는 명제는 수학 논리 기호를 사용해 $\neg p$로 나타낸다. 즉 '사랑한다'라는 명제를 p라고 했을 때 '사랑하지 않는다'는 $\neg p$이다.

앞서 설명했듯이 수학에서는 p 또는 $\neg p$의 입장밖에 없다. 따라서 수학의 논리로는 사랑하는지 사랑하지 않는지 모르는 두루뭉술하고 중간적인 입장을 인정하지 않는다. 이러한 입장(원리)을 '배중률'이라고 한다. 이 원리가 존재하는 덕분에 수학의 논리가 수월하게 진행되는 것이다. 다시 말하면 여러분의 생각이 어떻든 상관없이 '당신의 생각은 $p \vee q (= p \vee \neg p)$이다'라는 명제는 항상 옳다고 할 수 있다.

수학의 논리에서는 $p \vee \neg p$를 항상 옳다고 인정하고, $p \wedge \neg p$는 항

p	q	$p \vee q$	$p \wedge q$	$p \to q$
참	참	참	참	참
참	거짓	참	거짓	거짓
거짓	참	참	거짓	참
거짓	거짓	거짓	거짓	참

∧, ∨, → 에 관한 진리표

상 틀리다고 하는 입장을 취한다. 이를 모순율이라고 한다. $p \wedge \neg p$라는 명제는 항상 거짓이므로 '널 사랑해, 하지만 사랑하지 않을지도 몰라.' 라는 것은 수학적으로 거짓이다. 이를 두고 수학을 냉정하다고 생각하지는 않았으면 한다. 쓸 수 있는 논리를 확실히 해두지 않으면 명확한 결론을 얻을 수 없다. 따라서 그 논리만 잘 지키면 수학만큼 속이 시원한 것도 없다. ∧, ∨, → 에 관한 진리표는 아래와 같다.

수학의 논리적 입장으로는 영국 러셀의 '논리주의', 네덜란드 브라우어의 '직관주의', 독일 힐베르트의 '형식주의' 등이 있다. 이들은 20세기 이후에 등장한 주장이다. 논리주의는 수학을 논리적 개념으로만 구성해야 한다는 주장인데, 말 그대로 논리주의자의 수학으로 평가받았다. 한편 직관주의는 배중률이 항상 옳지는 않다고 주장하는 입장이다. 현재는 힐베르트의 형식주의를 중심으로 각 사고가 융합한 입장을 취하고 있다.

형식주의는 수학을 공리계로 규정된 연산 체계, 즉 논리로 결론을 이끌어내는 체계라고 생각하고 형식화된 수학의 증명을 문제로 삼는 입장이다. 힐베르트는 '수학이란 형식적 체계로 표현할 수 있는 것만 사용해서 구성할 수 있고, 그 형식적인 체계가 스스로 모순(p와 $\neg p$가 동시에 증명되는 것)을 포함하지 않는다.'라는 것을 나타내려고 했다. 그러나 괴델은 이 두 조건을 만족하는 형식적 체계를 만드는 것이 어렵다는 사실을 제시했다. 이것이 그 유명한 '불완전성 정리'로 1931년에 증명되었다.

수학은 논리를 따라 추론해서 결론을 이끌어내는 것이다. 단, 수학이 단순히 논리로만 이루어져 있다는 착각은 하지 않길 바란다. 20세기의 위대한 수학자인 프랑스의 르네 톰은 '수학 교육에서 중요한 것은 엄밀함에 있는 것이 아니라 그 의미의 구성에 있다.'라고 했다. 그 의미를 수학에서 꼭 배웠으면 좋겠다.

ε, δ

골칫덩어리 ε − δ 논법

ε(엡실론)은 매우 작은 양을 나타내는 데 쓰이고, δ(델타) 역시 마찬가지로 작은 양을 나타낸다. ε과 δ는 한 쌍으로 쓰일 때가 많다. 둘 다 그리스 문자다.

ε, δ는 보통 대학교 1~2학년 때 미적분에서 등장하는 함수의 연속성 정의에 나온다. 많은 학생이 여기서 ε − δ 논법이라 불리는 연속성의 정의를 접하고 골치를 썩는다. 함수 $f(x)$가 있는 점 $x=a$에서 연속한다는 정의는 다음과 같다.

임의의 $ε>0$에 대해 어떤 $δ>0$이 존재하여
$|x-a|<δ$일 때마다 $|f(x)-f(a)|<ε$가 성립한다.

고등학교에서는 연속을 다음과 같이 설명한다.

일반적으로 함수 $f(x)$와 실수 a에 대하여

(1) 함수 $f(x)$가 $x=a$에서 정의되고

(2) 극한값 $\lim\limits_{x \to a} f(x)$가 존재하며

(3) $\lim\limits_{x \to a} f(x) = f(a)$일 때

함수 $f(x)$는 $x=a$에서 연속이라고 한다.

위 정의를 정리하면 이 식과 같다.(단, →는 가까워진다는 기호이며 lim와 뜻이 같은 기호다.)

$$x \to a \text{일 때 } f(x) \to f(a) \text{ 혹은}$$

$$\lim\limits_{x \to a} f(x) = f(a)$$

이와 같이 고등학교에서의 정의는 직관적으로 이해할 수 있다. 말로 바꿔보면, x가 a에 한없이 가까워진다면 $f(x)$는 $f(a)$에 한없이 가까워진다고 할 수 있다. 그럼 실제로 고등학교의 정의 $f(x)=x^2$의 $x=1$에서 연속성을 확인해 보자.

수학에서는 'x가 1에 한없이 가까워진다'라면, '$f(x)$는 $f(1)=1$에 한없이 가까워진다'라는 사실을 구체적으로 확인해야 한다. 'x가 1에 한없이 가까워진다'를 구체화하려면 어떻게 할까?

$x = \dfrac{9}{10}$라면 확실히 x는 1에 가깝다. 이것을 대입하면 $f(\dfrac{9}{10}) = \dfrac{81}{100}$이 되니까 역시 이것도 1에 가깝다는 것을 알 수 있다. 이 다음에는 어떻게 할까?

$\dfrac{9}{10}$보다 1에 가까운 점을 찍어서 확인해 보자. 이때도 $f(x)$는 $f(1)$ $=1$에 가까울 것이다. 그러나 언제쯤 되어야 한없이 가까워진다는 것을 확인했다고 할 수 있을까? 언제 끝을 맺어야 할까? 나의 일생은 이것만 확인하다가 끝이 나는 것은 아닐까? 순간 고민에 휩싸인다. 이래서는 끝없는 미로 속에 빠지고 만다. 이처럼 'x가 a에 한없이 가까워진다'나 '$f(x)$는 $f(a)$에 한없이 가까워진다'라는 말은 직관적으로는 이해할 수 있지만 구체적으로 확인하려고 하면 난감하다.

$y = x^2$의 그래프를 그리면 하나로 이어진 곡선(포물선)이 나오므로 x를 1에 가깝게 하면 $f(x)$도 $f(1) = 1$에 가까워지는 것은 당연하다는 식으로 말할 수도 있다. 그런데 함수를 처음 배우는 중학생에게 이 함수의 그래프를 그리게 하면, x의 값을 몇 개 갖고 와서 $f(x)$의 값을 계산한 다음 그 점을 모눈종이 위에 표시한다. 그러나 그 점들의 중간을 곡

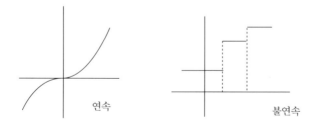

연속과 불연속

164

선으로 잇지 않는 학생이 꽤 많다. 이 학생들은 중간이 어떻게 되어 있는지를 모르기 때문에 점과 점 사이를 선으로 어떻게 연결할지 주저하는 것이다.

이 함수를 아는 사람은 이미 이어진 곡선을 상상하기 때문에 연속적이라는 사실을 직감으로 이해할 수 있는 것뿐이다. 따라서 $y=f(x)=x^2$가 무엇을 나타내는지 모를 때는 지금과 같은 직관적 추론은 할 수 없다. 따라서 어떤 경우에도 구체적으로 쓸 수 있는 수학적 표현이 필요하다.

이 문제에 달려들어 해석학을 기하학적 직감으로 독립시킨 다음 실수론의 기초에서 생각한 사람이 19세기를 대표하는 독일의 수학자 바이어슈트라스다. 바이어슈트라스는 첫머리에 나왔던 $\varepsilon-\delta$를 사용한 수학적 표현을 도입했고, 그의 영향을 받은 독일의 하이네 등이 이 논법을 보급했다. 참고로 당시에는 δ가 아니라 η(에타)였다. 이 대발견 덕분에 현대 수학은 비약적으로 발전했고, 이 발전의 흔적이 고등학교 수학과 대학 수학의 차이에 단적으로 나타나 있다.

고등학교에서 배우는 연속의 정의는 다음과 같으며,

$$x \to a \text{일 때} f(x) \to f(a)$$

대학에서 배우는 $\varepsilon-\delta$에 따른 연속의 정의는 앞서 나온 것처럼 이렇게 쓴다.

임의의 $\varepsilon > 0$에 대해 어떤 $\delta > 0$이 존재하여

$|x-a| < \delta$일 때마다 $|f(x)-f(a)| < \varepsilon$가 성립한다.

이 둘 사이에는 큰 벽이 있어서 대학 수학을 어렵게 느끼게 한다. $\varepsilon - \delta$를 활용하면 함수의 연속성을 계산만으로 알 수 있어 매우 편하다. 예를 들어 $|f(x)-f(a)| < \varepsilon$을 만족시키는 $\varepsilon > 0$이 있다고 하자. 그때 $|x-a| < \delta$가 될 수 있는 양 $\delta > 0$를 구할 수 있냐고 묻는 것이다.

따라서

$$|f(x)-f(1)| = |x^2-1| < \varepsilon$$

라고 하고, 이때 δ를 잘 찾아서

$$|x-1| < \delta \text{이면} \quad |f(x)-f(1)| = |x^2-1| < \varepsilon$$

라는 사실을 나타내면 된다.

$x^2-1 = (x-1)^2 + 2(x-1)$이므로 다음과 같은 δ이면 된다.

$$|x^2-1| \leq |x-1|^2 + 2|x-1| < \delta^2 + 2\delta < \varepsilon$$

마지막 부등식의 양변에 1을 더하면 $\delta^2 + 2\delta + 1 < \varepsilon + 1$이므로

$$(\delta+1)^2 < \varepsilon+1$$

양수만 생각하면 아래와 같다.

$$\delta+1 < \sqrt{\varepsilon+1}$$

따라서

$$\delta = \sqrt{\varepsilon+1}-1$$

이렇게 δ를 취하면 된다.

ε과 가까워지고 싶지만 좋은 수가 잘 생각나지 않는 δ. 이 증명을 이해한 사람들은 ε에 대한 δ의 우울한 마음과 고민에 공감할 것이다. 물론 그렇게 느껴지지 않더라도, 여기서는 연속이라는 것을 수학적으로 제대로 정식화할 수 있다는 사실만 인식할 수 있으면 된다.

바이어슈트라스보다 전에 살았던 사람들은 이런 정리 없이도 기하학적 직관으로 이해했으니 $\varepsilon-\delta$ 논법을 이해하지 못한다고 해서 굳이 고민할 필요는 없다. 익숙해지면 마치 알 것만 같은 느낌이 들 것이다. 마치 알 것만 같은 느낌도 수학을 배울 때 중요하다. 그것을 타인에게 전달하려고 할 때 확실히 알게 되는 경우도 흔히 있으니 천천히, 차근차근 이해하자.

max, min

크고 작은 것에도 여러 가지가 있다!

max는 최댓값(maximum), min은 최솟값(minimum)을 나타내는 기호다. 최댓값과 최솟값은 수학 문제를 풀다 보면 단골손님처럼 자주 등장하는 용어다. 예를 들어 이런 문제가 있다고 하자.

'$0 \le x < 2$에서 $f(x) = x^2$의 최댓값을 구하시오.'

그러면 $f(x)$는 $0 \le x < 2$로 단조증가 (감소하는 구간이 없는 함수)이므로 그 값의 집합은 $[0, 4)$가 되어 $(0 \le f(x) < 4)$, 최댓값은 없다는 것이 정답이다. 최솟값은 0이다. 이것은 다음과 같이 표기한다.

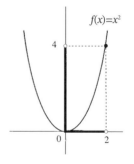

이차함수의 최댓값과 최솟값

$$\underset{0 \leq x < 2}{\text{Min}} f(x) = 0 \ \text{혹은} \ \underset{0 \leq x < 2}{\min} f(x) = 0$$

어떤 집합 S가 있을 때, 그 안에서 가장 큰 것을 그 집합의 최대 원소라고 한다. 그 최대 원소가 p라면 이렇게 표기한다.

$$\text{Max } S = p \ \text{혹은} \ \max S = p$$

또한 그 안에서 가장 작은 것을 그 집합의 최소 원소라고 하고 그 최소 원소가 q라면 이렇게 표기한다.

$$\text{Min } S = q \ \text{혹은} \ \min S = q$$

예를 들어 S가 0부터 2까지의 구간이라고 하자. 이를 아래와 같이 기호로 쓸 수 있다.

$$S = [0, 2] = \{x \mid 0 \leq x \leq 2, x \in R\}$$

이때는 S의 최대 원소가 2이고 최소 원소는 0이므로 다음과 같다.

$$\max S = 2, \min S = 0$$

최댓값과 최솟값을 조금 더 수학적으로 표현하자면, 집합 S의 원소 p가 존재하여 S의 임의의 원소 s에 대해 $s \leq p$가 성립할 때, p를 S의 최대 원소(수치를 나타낼 때는 최댓값)라 부르고 이렇게 쓴다.

$$\max S = p$$

수학 기호로 쓰면 다음과 같다.

$$\exists p \in S \,;\, s \leq p,\ \forall s \in S$$

참고로 수학 기호로 나타낸 부분을 영어로 표현하면 그 순서가 일치한다.(There exists an element p of S such that s is smaller than p for all s of S.)

$\exists$는 exist, $\forall$는 all을 나타내는 기호다. 한편 S의 최소 원소(또는 최솟값)란 다음 조건을 만족하는 q를 말한다.

$$\exists q \in S \,;\, s \geq q,\ \forall s \in S$$

그런데 $T = [0, 2)$로 하면 T에는 최댓값이 존재하지 않는다. 따라서 $\max T$를 생각해 봤자 의미가 없는데, 이때는 최댓값과 비슷한 개념을 생각할 수 있다. 그것은 상한(supremum)이라 불리는 수이며 sup라고 써서 나타낸다.

　$T = [0, 2)$를 실수 전체의 집합 중의 부분집합으로 봤을 때, 2는 다음 성질을 가지는 원소(수)이다.

(1) 실수 2는 T에는 없지만 T 안에 있는 어떤 원소보다도 크고

(2) 2보다 조금이라도 작은 원소는 모든 T의 원소다.(물론 0 이상이어야 한다는 제한이 있긴 하다.)

　즉 2는 T의 어떤 수보다도 크지만 그중에서는 가장 작은 것이라는 뜻이다. 그러한 수를 T의 상한이라고 하고 다음과 같이 쓴다.

$$\sup T = 2$$

　한편 T의 어떤 수보다 큰 수를 T의 상계(upper bound)라고 한다. 범위를 가리키는 것처럼 보일지도 모르지만, 여기서는 원소를 가리키는 개념이다. 2뿐만 아니라 3이나 4.5도 모두 T의 상계다. 이때 T의 상계 안에서 가장 작은 수가 바로 T의 상한이 되는 것이다. 이를 최소 상계(least upper bound)라고도 하며 다음과 같이 표기한다.

상한, 최소 상계, 상계

$$\text{l.u.b } T$$

즉 sup T=l.u.b T=2가 되는 것이다.

마찬가지로 U=(0, 2]에 대해서도 같은 요령으로 설명할 수 있다. U를 실수 전체의 부분집합으로 생각하면, 0은 다음과 같은 성질을 가지는 원소(=수)이다.

(1) 실수 0은 U에는 없지만 U 안의 어느 원소보다도 작다.

(2) 0보다 조금이라도 큰 원소는 모든 U의 원소다.(물론 2 이하여야 한다는 제한이 있긴 하다.)

이때 0을 U의 하한이라고 하고 이렇게 표기한다.

$$\inf U=0$$

상한과 마찬가지로 U의 어떤 수보다도 작은 수를 U의 하계(lower bound)라고 하며 이 하계 중에서 가장 큰 것이 U의 하계(infimum)이다. 이를 최대 하계(greatest lower bound)라고도 하며 다음과 같이 표기한다.

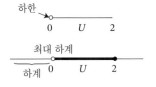

하한, 최대 하계, 하계

$$g.l.b\ U$$

따라서 $\inf U = g.l.b\ U = 0$이 된다. 물론 $V = (0, \infty)$처럼 $\max V$도, $\min V$도, $\sup V$도 없고 $\inf V$만 있는 경우도 있다. 여기서는 $\inf V = 0$이다.

한편 $\sup V$나 $\inf V$가 존재하지 않는 경우에는 $\sup V = \infty$, $\inf V = -\infty$으로 표기할 때가 있다. 상한이나 하한은 전체 안에서 부분의 끝점에 관한 개념이므로 실수의 연속성(연결) 문제나 수열의 극한을 다룰 때 중요한 개념이다.

실수의 부분집합 W를 생각했을 때, 어떤 수치 M이 있고 W의 어떤 원소 ω도 M보다 작다면$(\omega \leq M)$ W는 '위로 유계'라고 한다. 한편 어떤 수치 K가 있고, W의 어떤 원소도 K보다 크다면$(\omega \geq K)$ W는 '아래로 유계'라고 한다. 위로도 아래로도 유계인 집합은 단순히 유계라고 한다. 바이어슈트라스는 실수에서 다음과 같은 성질이 성립한다는 것을 나타냈다.

'실수가 있는 부분집합 W가 위로 유계라면 $\sup(W)$가 존재하고, 아래로 유계라면 $\inf(W)$가 존재한다.'

우리는 실수를 당연히 있는 것처럼 생각하지만, 사실 실수란 무엇인지 엄밀하게 정의를 내리고 증명을 해야 할 필요가 있는 것이다.

e^x, exp

수학의 울트라맨

대표적인 함수의 기호로는 f, g, h 등이 있는데, 지수함수(exponential function)의 경우에는 exp라는 기호를 쓸 때가 많다.

일반적으로 연속함수 $f(x)$가 $f(x+y)=f(x)f(y)$의 성질을 가질 때 f를 지수함수라고 한다. 연속함수란 x가 실수 위를 연속적으로 움직일 때 $f(x)$도 끊긴 곳 없이 연속적으로 움직인다는 뜻이다. 실제로 지수함수 a^x를 함수 표기로 $f(x)=a^x$라 나타내면 다음이 성립한다.

$$f(x+y) = a^{x+y} = a^x a^y = f(x)f(y)$$

(덧셈은 곱셈이 된다.)

$f(x+y)=f(x)f(y)$의 성질을 갖는다면 f는 어떤 양수 a에 대하여, $f(x)=a^x$라고 쓸 수 있다는 사실이 알려져 있다.(8장 참고) 이때 함수

$f(x)$를 'a를 밑으로 하는 지수함수'라고 한다.

지수함수 $f(x)=a^x$ 대신에 $f(x)=\exp_a x$로 표기하거나 $\exp_a x=a^x$로 표기하기도 한다. 단순히 $\exp x$라고 쓰면 e^x를 뜻한다.(e는 네이피어 수로 $e=2.718\cdots$) e^x는 밑을 e로 하는 지수함수다.

$$a_n=\left(1+\frac{1}{n}\right)^n \quad n=1, 2, 3, \cdots$$

수 e는 위 수열의 극한으로 얻을 수 있는 수인데, 오일러가 네이피어의 로그표에서 발견한 것으로 다음과 같이 정의된다.(9장 참고)

$$e=\lim_{n\to\infty}\left(1+\frac{1}{n}\right)^n$$

위 식은 n을 한없이 크게 했을 때 수열 $\left(1+\frac{1}{n}\right)^n$의 극한을 의미한다. 여기서 양변을 x제곱하면 아래와 같이 된다.

$$e^x=\left(\lim_{n\to\infty}\left(1+\frac{1}{n}\right)^n\right)^x=\lim_{n\to\infty}\left\{\left(1+\frac{1}{n}\right)^n\right\}^x$$

(세세한 과정은 건너뛰고 x제곱을 $\lim$ 안에 넣는다.)

$$e^x=\lim_{n\to\infty}\left(1+\frac{1}{n}\right)^{nx} \ (m=nx로 \ 놓는다.)$$
$$=\lim_{m\to\infty}\left(1+\frac{x}{m}\right)^m$$

다음으로 이 양변을 x로 미분하면 다음과 같다.(미분 과정에서 lim 는 무시된다.)

$$
\begin{aligned}
(e^x)' &= (\lim_{m \to \infty}(1+\frac{x}{m})^m)' \\
&= \lim_{m \to \infty}\{m\,(1+\frac{x}{m})^{m-1} \cdot (\frac{1}{m})\} \\
&= \lim_{m \to \infty}\{(1+\frac{x}{m})^m / (1+\frac{x}{m})\} \\
&\quad (\text{분모인 } 1+\frac{x}{m} \text{은 } m \to \infty \text{이 될 때 1에 가까워진다.}) \\
&= \lim_{m \to \infty}(1+\frac{x}{m})^m \\
&= e^x
\end{aligned}
$$

즉, e^x는 미분해도 e^x인 것이다.$((e^x)' = e^x)$ 미분과 적분이 역연산 이라는 사실을 떠올리면 매우 유용한 함수다.

$$
(e^x)' = e^x,\ \int e^x \mathrm{d}x = e^x + C \ (C\text{는 임의의 실수})
$$

실제로 관찰되는 단순한 모델은 인구 증가나 세포 분열처럼 변화 량이 현재량과 비례하는 경우이다. 시간에 따라 변화하는 현재량을 시 간 t의 함수로서 $x(t)$로 하면 간단한 방정식으로 나타낼 수 있다.

$$
\mathrm{d}x/\mathrm{d}t = mx \ (m\text{은 비례 상수})
$$

e^x는 미분을 해도 식의 형태가 바뀌지 않으므로 정답은 다음과 같다.

$$x = Ce^{mt} \ (C\text{는 } t=0\text{일 때 } x\text{의 값})$$

이처럼 e^x는 우리 가까이에 있는 함수다. 물론 e^x의 중요성은 여기에서 그치지 않는데, x가 복소수가 되면 더욱 필수적인 존재가 된다.(10장 참고) 그 중간 다리 역할로는 e^x의 급수 전개가 중요하다. e^x의 매클로린 전개를 구하면 다음과 같이 깔끔한 모양이 나온다.

$$e^x = 1 + x + \frac{x^2}{2!} + \frac{x^3}{3!} + \cdots + \frac{x^n}{n!} + \cdots$$

e^x는 해석학의 보물이다. 현대 해석학은 e^x 없이 논할 수 없다.

Column _____ **테일러 전개**

$f(x)$가 몇 번이든 미분할 수 있는 함수라면, $x=a$에 대해 다음과 같이 전개할 수 있다.

$$f(x) = f(a) + \frac{f'(a)}{1!}(x-a) + \frac{f''(a)}{2!}(x-a)^2 + \cdots + \frac{f^{(n)}(a)}{n!}(x-a)^n + \cdots$$

엄밀하게 보면 약간 다르긴 하지만, 이것을 테일러 급수(또는 테일러 전개), 특히 $a=0$일 때를 매클로린 전개라고 한다. 테일러는 18세기 전반기에 살았던 영국의 수학자로, 테일러가 케임브리지 대학에 입학한 해에 뉴턴이 같은 대학을 퇴직했다.

sinh, cosh, tanh

쌍곡선이란 무엇인가

sinh, cosh, tanh는 변수 x를 활용해서 sinh x, cosh x, tanh x라는 식으로 표기하며 각각 하이퍼볼릭 사인, 하이퍼볼릭 코사인, 하이퍼볼릭 탄젠트라고 읽는다. 하이퍼볼릭(hyperbolic)은 쌍곡이라는 뜻이며 이들을 쌍곡선 함수라고 부른다.

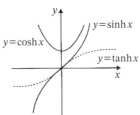

$$\sinh x = (e^x - e^{-x})/2$$

$$\cosh x = (e^x + e^{-x})/2$$

$$\tanh x = \sinh x / \cosh x$$
$$= (e^x - e^{-x})/(e^x + e^{-x})$$

이 사실에서 다음 식이 유도된다.

$$\cosh^2 x - \sinh^2 x = 1$$

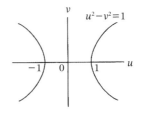

쌍곡선 함수

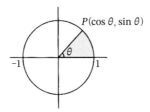

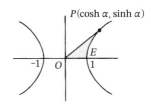

매개변수인 θ는 중심각(라디안)이고,
부채꼴의 넓이는 $\theta/2$기 된다.

a는 영역 OEP의 넓이가 $a/2$가
되는 매개변수이다.

$\sin\theta, \cos\theta$와 $\sinh a, \cosh a$

이 식에서 $u=\cosh x, v=\sinh x$로 두면 다음과 같이 된다.

$$u^2-v^2=1$$

이것은 쌍곡선의 식이다. 지금 (u, v) 좌표로 생각하고 x를 매개변
수로 간주하면 $(\cosh x, \sinh x)$가 이 곡선 위의 점을 나타내는 좌표가
된다. 이는 마침 $(\cos x, \sin x)$가 단위원 위의 좌표를 나타내는 것과
매우 흡사하다. 이것이 곧 쌍곡이라 부르는 이유이며, 삼각함수 sin,
cos과 닮은 기호가 쓰이는 이유이기도 하다. 이 함수는 원 $x^2+y^2=1$과
쌍곡선 $x^2-y^2=1$의 좌표를 비교하는 과정에서 18세기에 발견되었다.
이 외에도 삼각함수와 유사한 공식이 성립한다.

$$\cosh x\geq 1, \ |\tanh x| \leq 1$$
$$\sinh(-x)=-\sinh x, \cosh(-x)=\cosh x$$

$$\tanh(-x) = -\tanh x$$

$$(\cosh x + \sinh x)^n = \cosh nx + \sinh nx$$

드무아브르의 공식에 대응하면

$$\sinh(x+y) = \sinh x \, \cosh y + \sinh y \, \cosh x$$

$$\cosh(x+y) = \cosh x \, \cosh y + \sinh x \, \sinh y$$

178쪽 그래프 모양에서 알 수 있듯이 $y = \cosh x$는 우리 주변에서 자주 보는 곡선이다. 여러분의 목에 걸린 목걸이가 휘어져 있는 모양, 전선이 늘어져 있는 모양도 이 곡선의 형태와 같다.

18세기, 독일의 람베르트는 삼각함수에서 사용되는 기호를 활용해 위 기호를 만든 후 쌍곡선 함수를 보급하는 데 힘썼다. 이들 함수는 나중에 람베르트가 한 발짝만 더 가면 도달할 수 있었던 기하학, 즉 삼각형의 내각의 합이 $180°$보다 작은 비유클리드 기하학(쌍곡 기하학)의 삼각법으로서 활약하게 되었다. 역사의 아이러니라고 할까, 학문적 계시의 아이러니라고 할까, 신기한 이야기다.

영국의 드무아브르는 원의 부채꼴 넓이와 직각 쌍곡선의 부채꼴 넓이에 어떤 관계가 있는지를 연구하며 이 쌍곡선 함수를 발견하기 직전까지 다가갔지만, 쌍곡선 함수에 관한 성과의 대부분은 후세 이탈리아의 빈센조 리카티(미분방정식으로 유명한 야코포 리카티의 아들)가 이루어냈다.

34

sgn

사다리 타기에서 행렬식으로

sgn은 19세기 독일의 수학자 크로네커가 도입한 기호로 sign(부호)의 약자다.(라틴어로는 signum) 여기서 부호란 +1 또는 −1을 나타내는 것이다. 따라서 sgn이 단독으로 쓰이는 일은 없고 'α의 부호는?'이라는 뜻으로 sgn α로 표기한다. sgn 대신 ε이 쓰이기도 한다.

예를 들어 어느 마을의 주민 A가 남성이면 −1, 여성이면 +1을 할당한다고 하자. 따라서 sgn A=1이면 A는 여성이다. 조금 더 수학적으로 말하자면, sgn은 어느 마을의 주민 집합에서 {−1, +1}에 대한 '대응'이 되는 것이다.

$$\text{sgn} : \text{어느 마을의 주민} \rightarrow \{-1, +1\}$$

그런데 중학교 때 나오는 절댓값 $|a|$의 정의는 다음과 같다.

$$|a| = a \,(a \geq 0)$$
$$= -a \,(a < 0)$$

거기서 $a \geq 0$이면 sgn $a = 1$로 하고, $a < 0$이면 sgn $a = -1$로 하기로 했다면 다음과 같이 쓸 수 있다.

$$|a| = (\mathrm{sgn}\, a)a$$

즉 sgn을 쓰면 $|a|$는 하나의 식으로 쓸 수 있다. 수학에서는 식을 운용하는 일이 많기 때문에 전자보다 후자처럼 하나의 식으로 써 둬야 편리하다. 이 sgn은 보통 대학 첫해에 배우는 행렬식 부분에서 나온다. {1, 2, 3}에서 {1, 2, 3}의 일대일 대응을 고려하면 이렇게 생각할 수 있다.

$$1 \to 2, 2 \to 3, 3 \to 1 \ \text{이나} \ 1 \to 1, 2 \to 3, 3 \to 2$$

이것을 세로로 나열해서 이렇게 쓰면 편리하다.

$$\binom{123}{231}, \binom{123}{132}$$

이런 것을 '치환'이라고 하는데, 이

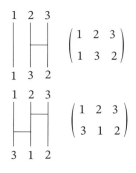

사다리 타기의 치환

때는 모두 3!(=6)가지가 있다. 예를 들어 182쪽 그림과 같은 사다리는 치환 $\binom{123}{132}$, $\binom{123}{312}$로 생각할 수 있다.

따라서 123과 123을 잇는 본질적으로 다른 사다리 타기 방법은 6가지가 있다고 할 수 있다.

이들 치환을 전부 다 쓰면 다음과 같다.

$$\overset{1}{\binom{123}{123}} \quad \overset{2}{\binom{123}{132}} \quad \overset{3}{\binom{123}{312}} \quad \overset{4}{\binom{123}{213}} \quad \overset{5}{\binom{123}{321}} \quad \overset{6}{\binom{123}{231}}$$

특히 두 문자를 서로 바꾸는 것을 '호환'이라고 한다. 두 번째 치환은 두 숫자 2와 3을 바꿨기 때문에 호환이 한 번 일어났다. 6번째 치환은 1과 2를 바꿨고, 게다가 1과 3도 바꿨다. 따라서 이때는 본질적으로 호환이 두 번 일어난 결과라고 생각하면 된다. 여기서 치환이 짝수 번의 호환으로 이루어진 경우 1, 홀수 번의 호환으로 이루어진 경우 -1이라는 부호를 주자. 그러면

$$\operatorname{sgn}\binom{123}{231} = 1, \operatorname{sgn}\binom{123}{132} = -1$$

이 성립한다. 따라서 {1, 2, 3}의 모든 치환의 sgn은 다음과 같다.

	$\binom{123}{123}$	$\binom{123}{132}$	$\binom{123}{312}$	$\binom{123}{213}$	$\binom{123}{321}$	$\binom{123}{231}$
sgn	$+$	$-$	$+$	$-$	$-$	$+$

한편, 대학 첫해에 배우는 삼차행렬식은 다음과 같이 정의된다.

$$\begin{vmatrix} a_{11} & a_{12} & a_{13} \\ a_{21} & a_{22} & a_{23} \\ a_{31} & a_{32} & a_{33} \end{vmatrix} = \mathrm{sgn}\begin{pmatrix} 123 \\ 123 \end{pmatrix} a_{11}\,a_{22}\,a_{33} + \mathrm{sgn}\begin{pmatrix} 123 \\ 312 \end{pmatrix} a_{13}\,a_{21}\,a_{32}$$

$$+ \mathrm{sgn}\begin{pmatrix} 123 \\ 231 \end{pmatrix} a_{12}\,a_{23}\,a_{31} + \mathrm{sgn}\begin{pmatrix} 123 \\ 321 \end{pmatrix} a_{13}\,a_{22}\,a_{31}$$

$$+ \mathrm{sgn}\begin{pmatrix} 123 \\ 213 \end{pmatrix} a_{12}\,a_{21}\,a_{33} + \mathrm{sgn}\begin{pmatrix} 123 \\ 132 \end{pmatrix} a_{11}\,a_{32}\,a_{23}$$

이것은 정확히 각 행, 각 열에서 숫자를 하나씩 선택해서 곱한 값에 부호를 붙인 총합을 생각한 것이다.

지금 첫 번째 행 두 번째 열에 있는 숫자 a_{12}를 선택했다고 하자. 그다음으로는 두 번째 행에서 두 번째 열을 제외한 곳에 있는 숫자 a_{21}이나 a_{23}을 고른다. a_{21}을 골랐다면 세 번째 행에서는 지금과는 다른 열, 그러니까 세 번째 열의 수 a_{33}을 고른다. 이렇게 이들을 곱한 것은 다음과 같다.

$$a_{12}\,a_{21}\,a_{33}$$

지금 고른 행과 열의 12, 21, 33을 세로로 나열한 것은 치환 $\begin{pmatrix} 123 \\ 213 \end{pmatrix}$이 된다. 이 치환의 부호 $\mathrm{sgn}\begin{pmatrix} 123 \\ 213 \end{pmatrix}$을 $a_{12}\,a_{21}\,a_{33}$에 붙인다. 그 부호는 앞에서 설명한 것과 같으니 삼차행렬식은 다음과 같다.

$$\begin{vmatrix} a_{11} & a_{12} & a_{13} \\ a_{21} & a_{22} & a_{23} \\ a_{31} & a_{32} & a_{33} \end{vmatrix} = a_{11}a_{22}a_{33} + a_{21}a_{32}a_{13} + a_{31}a_{12}a_{23}$$
$$- a_{13}a_{22}a_{31} - a_{12}a_{21}a_{33} - a_{11}a_{32}a_{23}$$

이 삼차행렬식을 외우기란 그렇게 어렵지 않다. '사루스의 법칙'이라 불리는 편리한 기억법이 있다.(아래 그림 참고)

그러나 4행 4열로 된 사차행렬식이 되면 {1, 2, 3, 4}로 숫자 4개의 치환을 생각하게 되므로 그 개수는 4!(=24)개이다. 이것을 모두 기억하기란 그렇게 간단하지 않다. 따라서 4차보다 큰 행렬식은 행렬식의 성질을 잘 이용해서 계산해야 한다. 이런 점 때문에 행렬식이 가지는 성질을 조금은 알아둘 필요가 있는 것이다.

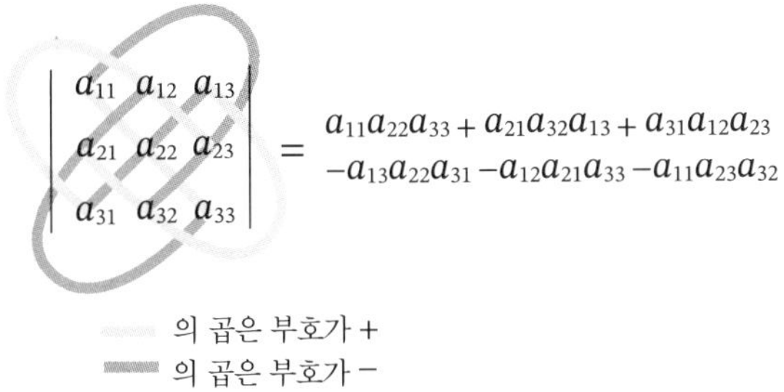

$$\begin{vmatrix} a_{11} & a_{12} & a_{13} \\ a_{21} & a_{22} & a_{23} \\ a_{31} & a_{32} & a_{33} \end{vmatrix} = \begin{aligned} & a_{11}a_{22}a_{33} + a_{21}a_{32}a_{13} + a_{31}a_{12}a_{23} \\ & -a_{13}a_{22}a_{31} - a_{12}a_{21}a_{33} - a_{11}a_{23}a_{32} \end{aligned}$$

— 의 곱은 부호가 +
▬ 의 곱은 부호가 −

사루스의 법칙

35

$$\begin{vmatrix} a & b \\ c & d \end{vmatrix}$$

연립방정식 단번에 풀기

ㅣㅣ는 행렬식의 기호로 19세기 영국의 수학자 케일리가 도입했다. 행렬식은 원래 연립방정식을 풀기 위해 생각해 낸 것이다. 연립방정식 자체는 이미 고대 바빌로니아 시대부터 알려져 있었다.

기원전 1세기~기원후 2세기에 쓰인 것으로 알려진 고대 중국의 수학서인《구장산술》에는 현재 중학교에서 배우는 소거법(미지수를 줄이면서 풀어나가는 방법)으로 연립방정식을 푸는 방법이 실려 있는데, 그것을 풀기 위해 음수와 양수의 개념도 다뤘다. 그러나 행렬식 자체를 처음 언급한 사람은 라이프니츠와 17세기 일본의 수학자인 세키 다카카즈다. 행렬식이란 말 그대로 행과 열에 놓인 숫자에서 산출하는 값을 말한다.

$$\begin{vmatrix} 1 & 2 \\ 3 & 4 \end{vmatrix}$$

예를 들어 이것은 이차행렬식이라고 불리며 $1 \cdot 4 - 2 \cdot 3 = -2$로 계산한다. 이처럼 행렬식은 값이 하나이므로 그 값이 간단히 산출된다면 이런 기호는 필요도 없다. 그러나 나중에 설명하겠지만 실제로는 지금처럼 간단히 구할 수 없다. 그래서 일단 기호로 표기를 해놓는 것이다. 기호로 표기하면 그것을 실제로 구하려고 절차를 세울 때도 더 편리하다. 행렬식을 쓰면 연립일차방정식을 단숨에 풀 수 있다. 중학생이 이 해법을 알면 소거법이나 대입법을 쓰지 않아도 될 정도로 강력한 공식이다.

$$2x + 3y = 1$$
$$4x + 5y = 2$$

이 식을 예로 들면 다음과 같이 쓸 수 있다.

$$x = \begin{vmatrix} 1 & 3 \\ 2 & 5 \end{vmatrix} / \begin{vmatrix} 2 & 3 \\ 4 & 5 \end{vmatrix} = (1 \cdot 5 - 3 \cdot 2)/(2 \cdot 5 - 3 \cdot 4) = 1/2$$

$$y = \begin{vmatrix} 2 & 1 \\ 4 & 2 \end{vmatrix} / \begin{vmatrix} 2 & 3 \\ 4 & 5 \end{vmatrix} = (2 \cdot 2 - 1 \cdot 4)/(2 \cdot 5 - 3 \cdot 4) = 0$$

일반적으로 n개의 미지수를 가지는 n개의 연립일차방정식은 그 계수가 만드는 n차행렬식이 0이 아니면 위에 설명한 이차행렬식의 경우와 완전히 똑같은 공식으로 풀린다. 이를 오늘날에는 '크라메르의 공식'이라고 부른다. 크라메르는 18세기 스위스의 수학자다. 위 예시의

방정식으로 설명하면, 계수가 만드는 행렬식은

$$\begin{vmatrix} 2 & 3 \\ 4 & 5 \end{vmatrix} \cdots\cdots ①$$

이고, 계수가 만드는 행렬식에서 x의 계수를 상수항(=의 오른쪽 숫자)으로 바꾼 행렬식은 다음과 같다.

$$\begin{vmatrix} 1 & 3 \\ 2 & 5 \end{vmatrix} \cdots\cdots ②$$

그러면 $x=\dfrac{②}{①}$가 된다. y도 마찬가지다. 미지수가 늘어도 이 원리는 같지만, 분모가 0이 될 수는 없으므로 계수를 만드는 행렬식으로 0이 아니어야 한다는 조건이 반드시 필요하다.

행렬식은 행의 수와 열의 수가 같을 때만 계산되는데, 행과 열의 수가 늘어날수록 그 계산이 엄청나게 어려워진다. 이것을 간단히 구하려면 알고리즘이 필요하다. 그 알고리즘은 행렬식의 성질을 따라 각 열, 각 행에 0들을 만들고, 라플라스가 생각한 전개 공식을 반복해서 계산하는 방법이다. 라플라스는 18세기 프랑스의 수학자다.

삼차행렬식은 라이프니츠가 다음과 같이 부정해(不定解)를 가지는 연립일차방정식을 고찰할 때 계산에 사용했다.

$$10+11x+12y=0$$

$$20 + 21x + 22y = 0$$

$$30 + 31x + 32y = 0$$

그는 행렬식의 기호는 쓰지 않았지만, 요즘 식으로 쓰면 다음과 같은 방식으로 행렬식 계산을 했다.

$$\begin{vmatrix} 10 & 11 & 12 \\ 20 & 21 & 22 \\ 30 & 31 & 32 \end{vmatrix} = 10 \cdot 21 \cdot 32 + 11 \cdot 22 \cdot 30 + 12 \cdot 31 \cdot 20 - 12 \cdot 21 \cdot 30 - 11 \cdot 20 \cdot 32 - 10 \cdot 31 \cdot 22 = 0$$

이처럼 삼차행렬식은 기계적으로 계산할 수 있다. 이것이 앞 장에서도 설명했던 사루스의 법칙이다. 그러나 4차 이상이 되면 그 항이 $4! = 24$개가 되기 때문에 외우기가 상당히 힘들다. 실제 연립일차방정식의 구체적인 해를 크라메르의 공식으로 직접 계산할 수 있는 범위는 고작해야 3개의 미지수와 3개의 식으로 이루어진 연립일차방정식까지다. 행렬식은 보통 연립일차방정식과 연관된 개념으로 인식되지만, 오늘날에는 거기서 멈추지 않는다. 사실 행렬식은 벡터의 개념이나 그것으로 나타내는 도형의 넓이와도 깊게 관련되어 있다.

예를 들어 평면 위의 두 벡터로 만들어진 평행사변형의 넓이는 행렬식으로 나타낼 수 있고, 공간의 벡터 3개로 만들어진 평행육면체의 부피도 행렬식으로 나타낼 수 있다.(44장 참고)

$a = (a_1, \ a_2), b = (b_1, \ b_2)$로 만들어진 평행사변형의 넓이는 다음

그림에서 알 수 있듯이

$$(a_1+b_1)(a_2+b_2)-a_1a_2-b_1b_2-2a_2b_1=a_1b_2-a_2b_1=\begin{vmatrix} a_1 & a_2 \\ b_1 & b_2 \end{vmatrix}$$

이렇게 구할 수 있다.(단, 넓이는 양수이므로 정확히는 이 값의 절댓값이다.)

사실 행렬식이 행렬보다 먼저 만들어진 개념이다. 행렬과 행렬식을 혼동하는 학생을 자주 보는데, 행렬식은 하나의 값이고 행렬은 표현 그 자체를 말한다. 행렬을 나타낼 때는 ( )라는 기호를 활용한다.

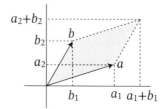

평행사변형의 넓이와 행렬식

$$\begin{pmatrix} 10 & 11 & 12 \\ 20 & 21 & 22 \\ 30 & 31 & 32 \end{pmatrix}$$

또한 행렬은 알파벳 대문자 $A, B, C, \cdots$를 써서

$$A=\begin{pmatrix} 10 & 11 & 12 \\ 20 & 21 & 22 \\ 30 & 31 & 32 \end{pmatrix}$$

로 나타내고 '행렬 A는…'이라는 식으로 말한다. 그리고 다음과 같은 행렬 표기도 있다.

$$A = (a_{ij}) \quad (1 \leq i, j \leq n)$$

행렬에 A를 썼을 때 행렬식은 $|A|$ 또는 det A로 표기한다. 참고로 행렬식(determinant)라는 용어를 처음 도입한 사람은 프랑스의 코시라는 수학자다.

36

rank

수학에도 랭킹이 있다?

rank는 계수라고 한다. 벡터나 행렬에 관계된 개념이며 독립인 벡터의 개수, 연립방정식의 해의 공간적 차원 또는 해의 존재 여부 등과 연관 있다. 예를 들어 다음과 같은 연립방정식을 보자.

$$3x+2y-5z+2w=0$$

$$2x+5y-18z+5w=0$$

$$4x-y+8z-w=0$$

이는 다음과 같이 쓸 수도 있다.

$$x\begin{pmatrix} 3 \\ 2 \\ 4 \end{pmatrix} + y\begin{pmatrix} 2 \\ 5 \\ -1 \end{pmatrix} + z\begin{pmatrix} -5 \\ -18 \\ 8 \end{pmatrix} + w\begin{pmatrix} 2 \\ 5 \\ -1 \end{pmatrix} = \begin{pmatrix} 0 \\ 0 \\ 0 \end{pmatrix} \quad (1)$$

여기서

$$\begin{pmatrix} 3 \\ 2 \\ 4 \end{pmatrix}, \begin{pmatrix} 2 \\ 5 \\ -1 \end{pmatrix}, \begin{pmatrix} -5 \\ -18 \\ 8 \end{pmatrix}, \begin{pmatrix} 2 \\ 5 \\ -1 \end{pmatrix}$$

이것을 벡터로 생각하면, 연립방정식을 푸는 것은 이들 벡터에 적당한 수 x, y, z, w를 곱하고 그 합이 제로 벡터가 되도록 찾는 것이다. 이제 이들 벡터를 a, b, c, d로 나타내고 제로 벡터를 0이라고 하면 만족해야 할 식은 다음과 같다.

$$xa + yb + zc + wd = 0$$

이때 계수의 벡터 a, b, c, d를 관찰하면 b와 d에는 $b = d$라는 관계가 있다. 따라서 위의 방정식은 이렇게 쓸 수 있다.

$$xa + yb + zc + wd = xa + (y + w)b + zc$$

이제 a, b, c를 계수로 하는 방정식을 풀면 된다. 다음으로 벡터 a, b, c를 생각했을 때 그중 아무거나 둘을 골라도 서로 배수 관계가 성립하지 않지만, c가 a, b와 $c = a - 4b$라는 관계를 만족시킨다는 것을 알 수 있다. 여기서 다음 식을 얻어낼 수 있다.

$$xa + yb + zc + wd = xa + (y+w)b + zc$$
$$= xa + (y+w)b + z(a-4b)$$
$$= (x+z)a + (y-4z+w)b$$

따라서 주어진 방정식은 결국 a와 b를 계수로 하는 방정식을 푸는 것과 똑같아진다. 이렇게 방정식이 점점 간단해진다. 이제 a와 b 사이에는 배수 관계가 성립하지 않으므로 더 간단해질 수는 없다. 따라서

$$X = x+z, \; Y = y - 4z + w$$

라 하면 다음과 같이 두 개의 미지수를 갖는 방정식이 된다.

$$Xa + Yb = 0$$

이 식을 풀면 $X = 0$, $Y = 0$이 나오므로,

$$x = -z, \; y = 4z - w$$

이 성립한다. 이 식에 적당한 정수를 부여하여 주어진 방정식의 해를 구한다. 단, z, w는 임의의 정수이므로 해는 무수히 많다. 이러한 해를 부정해 또는 부정이라고 한다. 그런데 두 벡터에서 한쪽이 다른

한쪽과 배수인 관계 $b=ka$에 있을 때, 이 두 벡터 a, b를 1차 종속이라고 한다. 또한 동시에 0이 되지 않는 m, n에 대해 $a=mb+nc$가 되었을 때, 이 세 벡터 a, b, c도 1차 종속이라고 한다. 그렇게 해서 마지막에는 이런 관계가 성립하지 않는 벡터만 남는다. 이렇게 남은 벡터는 1차 독립이라고 한다.

rank, 즉 계수는 a, b, c, d 중에서 1차 독립인 것의 최대 개수를 나타낸 수치다. 주어진 방정식의 경우에는 a와 b가 1차 독립이기 때문에 $\{a, b, c, d\}$의 rank는 2, 혹은 rank$(a, b, c, d)=2$라고 쓴다.

반대로 처음부터 rank가 2라는 사실을 알고 있다면, 위에서 본 것처럼 두 미지수에 관한 방정식을 풀면 된다. 두 미지수란 무엇을 말하는 것일까? 1차 독립인 벡터에 관한 미지수, 그러니까 여기서는 x와 y이다. 따라서 z와 w를 처음부터 임의의 정수로 두고 풀면 된다.

실제로는 이 계수를 구하는 알고리즘과 연립방정식을 푸는 알고리즘이 같기 때문에 계수를 구하는 계산을 하면서 자연스럽게 방정식이 풀리게 된다. 이는 행렬을 활용해 해결할 수 있으므로 (1)은 행렬을 사용해 다음과 같이 나타낼 수 있다.

$$\begin{pmatrix} 3 & 2 & -5 & 2 \\ 2 & 5 & -18 & 5 \\ 4 & -1 & 8 & -1 \end{pmatrix} \begin{pmatrix} x \\ y \\ z \\ w \end{pmatrix} = \begin{pmatrix} 0 \\ 0 \\ 0 \end{pmatrix} \quad (2)$$

이 식을 다음과 같이 쓸 수 있으므로,

$$\begin{pmatrix} 3 & 2 & -5 & 2 & 0 \\ 2 & 5 & -18 & 5 & 0 \\ 4 & -1 & 8 & -1 & 0 \end{pmatrix}$$

여기서 다음과 같은 행렬의 기본 행 연산이라 불리는 것을 실행한다. 기본 행 연산이란 연립방정식을 푸는 다음과 같은 절차를 말한다.

(1) 어떤 행에 몇 배를 한다.(어떤 방정식 전체에 몇 배를 곱한다.)

(2) 어떤 행에 몇 배를 하고 다른 행에 더한다.(어떤 방정식 전체에 몇 배를 곱하고 다른 방정식에 더한다.)

(3) 두 행을 바꾼다.(방정식의 순서를 바꾼다.)

$$\begin{pmatrix} 3 & 2 & -5 & 2 & 0 \\ 2 & 5 & -18 & 5 & 0 \\ 4 & -1 & 8 & -1 & 0 \end{pmatrix}$$

이것을 조작하는데, 마지막 열이 0이므로 (1)~(3)의 기본 행 연산을 하더라도 변화가 없다. 따라서 다음 행렬을 생각하면 된다. 이것을 계수 행렬이라고 한다.

$$\begin{pmatrix} 3 & 2 & -5 & 2 \\ 2 & 5 & -18 & 5 \\ 4 & -1 & 8 & -1 \end{pmatrix}$$

2행에 (-1)배를 하고 1행에 더한다.

$$\begin{pmatrix} 1 & -3 & 13 & -3 \\ 2 & 5 & -18 & 5 \\ 4 & -1 & 8 & -1 \end{pmatrix}$$

1행에 (−2)배를 하고 2행에 더한 다음 1행에 (−4)배를 곱해서 3행에 더한다.

$$\begin{pmatrix} 1 & -3 & 13 & -3 \\ 0 & 11 & -44 & 11 \\ 0 & 11 & -44 & 11 \end{pmatrix}$$

2행과 3행을 11로 나눈다.

$$\begin{pmatrix} 1 & -3 & 13 & -3 \\ 0 & 1 & -4 & 1 \\ 0 & 1 & -4 & 1 \end{pmatrix}$$

2행에 (−1)배를 하고 3행에 더한다.

$$\begin{pmatrix} 1 & -3 & 13 & -3 \\ 0 & 1 & -4 & 1 \\ 0 & 0 & 0 & 0 \end{pmatrix}$$

2행에 3배를 하고 1행에 더하면 이렇게 된다.

$$\begin{pmatrix} 1 & 0 & 1 & 0 \\ 0 & 1 & -4 & 1 \\ 0 & 0 & 0 & 0 \end{pmatrix}$$

이 과정은 기본적으로 연립방정식을 변형했을 뿐이므로 마지막 행렬에 대응하는 두 방정식을 풀면 다음과 같다.

$$x + z = 0$$

$$y - 4z + w = 0$$

대학에서 배우는 교양 수학 기호**197**

그런데 주어진 방정식을 푸는 것과 마지막 방정식을 푸는 것이 동일하므로 계수 변화는 일어나지 않는다. 따라서 이 마지막 행렬을 보면 3열의 벡터=(1열의 벡터)+(−4)(2열의 벡터), 4열의 벡터=2열의 벡터가 되고 1열과 2열의 벡터가 1차 독립이므로 rank는 2가 된다. 즉 마지막 행렬의 대각선상에 있는 1의 개수가 곧 rank인 것이다.

$$\begin{pmatrix} 1 & 0 & 1 & 0 \\ 0 & 1 & -4 & 1 \\ 0 & 0 & 0 & 0 \end{pmatrix}$$

이렇게 연립일차방정식의 풀이를 일반적으로 고찰하려고 하면 행렬을 같이 따져야 한다. 그렇기 때문에 행렬이나 계수의 개념을 영국의 실베스터가 생각해 냈고, 오늘날의 케일리 해밀턴 정리로 알려진 케일리가 대수적 이론을 완성한 것이다. 19세기의 일이다.

벡터의 1차 독립성이나 1차 종속성 판정은 이른바 선형대수라 불리는 수학의 기초적인 부분이다. 벡터의 1차 독립성이나 1차 종속성 이야기는 연립일차방정식 문제이므로 선형대수는 연립일차방정식 이론이라고도 할 수 있다. 경제학에서 선형 계획법은 연립일차방정식이나 연립일차부등식이므로 선형대수 없이는 해결되지 않는다. 인문 계열에 수학이 필요 없다는 말은 새빨간 거짓말이다.

dim

4차원을 찾아라

dim은 dimension의 약자이며 차원이라는 뜻이다. 수학에는 차수라는 용어와 차원이라는 용어가 나오는데, 자주 헷갈리지만 차수는 degree를 번역한 말이다.

일반적으로 dim은 공간을 형성하는 기하학적 구조를 나타내는 지표인데, 보통 0 또는 양의 정숫값을 갖는다. 우리가 살아가는 공간은 3차원이다. 이 공간을 X로 나타내면 이렇게 쓸 수 있다.

$$\dim X = 3$$

이때 3은 세로, 가로, 높이라는 세 방향으로 퍼지는 모습을 나타낸다. 공간 X의 어느 점도 이 3개의 독립변수 x, y, z가 있으면 표현할 수 있고, 이 3개면 충분하다는 뜻이다. 따라서 종이 위의 세계를 Y라고 한다면, Y 위의 모든 점은 세로와 가로만으로 표현할 수 있으니까 2차원이라고 하며 다음이 성립한다.

$$\dim Y = 2$$

그럼 4차원 세계는 과연 어떻게 표현할까? 이것도 마찬가지다. 어떤 공간 Z의 점을 4개의 독립된 변수 x, y, z, w로 표현할 수 있으며 이 4개면 충분하므로,

$$\dim Z = 4$$

이다. 현실에 그런 세계가 존재하는지 궁금하겠지만, 4개의 미지수(변수) x, y, z, w의 연립일차방정식이 4차원 세계의 사건을 나타낸다고 생각할 수 있다. 모든 변수가 독립된 것이라면 진정한 4차원이고, 만약 독립변수가 x, y였다고 하면 그것은 4차원 공간에서 일어난 2차원 사건이라고 해석할 수 있다.

예를 들어 가계부에는 항목이 매우 많다. 만약 그중에서 교육비, 의류비, 의료비, 식비라는 네 항목이 가계의 주요한 부분을 차지한다고 하자. 각 가정의 가계를 이 네 가지로 파악하게 되면 각 가정의 가계는 4차원 공간의 점으로 생각할 수 있다. 공간이라는 말을 듣고 우리가 사는 공간이라는 식으로 좁게 한정하면 4차원 공간 찾기가 된다. 그러나

네 가지 독립된 변수로 나타내는 무언가를 생각했을 때 이미 우리는 4차원 공간으로 이동한 셈이다.

일반적으로 n개의 실수를 $(x_1, x_2, x_3, \cdots, x_n)$으로 나타내는 원소의 집합을 R^n이라고 표시한다. 그러면 이 R^n의 점은 모두 이 n개의 실수를 나타낼 수 있으므로 n차원이 된다.

한편 계수(degree)라는 말은 방정식 등에 사용된다. 미지수(또는 변수)를 x라고 했을 때의 방정식 $2x+3=0$은 일차방정식이다. 그것은 방정식의 미지수(또는 변수) x가 곱해진 횟수를 차수로 정의했기 때문이다. 따라서 $x^2+x+1=0$은 x가 곱해진 횟수가 가장 큰 것이 x^2이므로 차수 2의 방정식이 되는 것이다.

기호 대수가 발명되기 전에는 차수와 차원이 일치한다고 추측했기 때문에 이를 자유롭게 조작하지 못했다. x는 1차원의 양(길이), x^2은 2차원의 양(넓이), x^3은 3차원의 양(입체의 부피)이라고 생각했기 때문에 방정식 $x^2+x+1=0$에서 넓이와 길이를 더할 수 있는지 논의하게 되었고, 방정식을 좀 더 신중하게 다뤄야 했던 시대가 있었다.

기호 대수는 16세기에 프랑스의 비에트가 발전시켰다. 비에트는 미지수는 물론이고 알려진 수에도 문자를 도입했다. 사실 그때까지 대수에서는 대부분 말만으로 표현했기 때문에 말의 대수(레토릭 대수)라고 불렸다. 비에트조차 차수와 차원의 올가미에서 완전히 해방되지는 못했다. 그러나 그 뒤 데카르트는 그러한 생각에 얽매일 필요가 없다는 사실을 깨달았다. 지금의 중고등학생들은 이런 염려 없이 문자식을 술술 다룰 수 있으니 그 시대에 비하면 대단한 수학의 달인인 셈이다.

애초에 차원은 대상을 나타내는 특정 척도에 지나지 않기 때문에 1차원, 2차원처럼 굳이 정숫값일 필요는 없다. 확장의 경우는 정숫값이었지만, 프랙털 같은 도형(어느 부분을 봐도 전체와 닮음인 도형)처럼 얼마나 복잡한지 나타낼 때 쓰이는 닮음 차원은 일반적으로 정숫값이 아니다.

예를 들어 지금 생각하고 있는 어떤 도형이 그 자신을 $1/n$으로 축소한 닮음 도형 n^d개로 이루어졌을 때 d를 닮음 차원(프랙털 차원)이라고 한다. 아래 그림은 코흐 곡선이라고 해서 눈의 결정이나 적란운 같은 모양을 띠는데, 이것은 전체를 3분의 1로 축소한 것 4개로 이루어져 있으므로 $3^d=4$가 되어 차원이 정숫값으로 나타나지 않는다.

$$d=\log_3 4=1.2618\cdots\text{차원}$$

이러한 소숫값으로 나타나는 차원이 의미를 가지게 된 것은 아주 최근의 일이다.

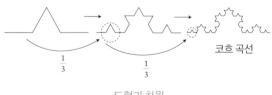

코흐 곡선

도형과 차원

38

Im, Ker

모든 것은 0이 지배한다

Im은 image, 즉 형상을 뜻하는 기호이며 Ker은 kernel(알맹이), 즉 핵을 뜻하는 기호다. 하지만 이렇게 말해도 별 도움이 될 것 같지는 않으니 간단한 예시를 생각해 보자.

$f(x) = \sin x$는 실수를 변수로 갖는 함수이다. f가 R에서 R로의 함수라는 사실을 강조하기 위해 $f : \mathrm{R} \to \mathrm{R}$로 표기한다. 왼쪽의 R은 정의역이고 오른쪽의 R은 공역이라고 부른다. 거기서 정의역인 R이 f를 통해 비추어졌을 때, 공역인 R은 어떤 집합이 될지 생각해 보자.

쉽게 말해 f를 카메라, 정의역은 피사체, 공역은 필름이라고 했을 때 이 카메라 f에서 피사체가 필름 위에 어떤 이미지를 맺는지 생각하는 것이다. 이것을 f에 따른 이미지라고 해서 $\mathrm{Im}\, f$라고 나타낸다. $f(\mathrm{R})$로 표기할 때도 있는데 어느 경우든 정의를 수식으로 표현하면 다음과 같다.

$$\text{Im}\, f = \{f(x) \mid x \in \mathbb{R}\}$$
$$= \{\sin x \mid x \in \mathbb{R}\}$$

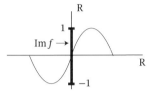

이 경우 f의 상은 명백하게
구간 $[-1, 1]$이 된다.

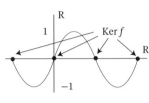

$$\text{Im}\, f = \{\sin x \mid x \in \mathbb{R}\} = [-1, 1]$$

Im f와 Ker f의 그래프

이번에는 필름 쪽에서 보고 필름 위의 0(영벡터)에 비추어진 피사
체 부분은 어딘지 생각한다. 이것을 f의 핵이라고 하며 Ker f로 나타낸
다. 즉 이렇게 나타낼 수 있다.

$$\text{Ker}\, f = \{x \mid f(x) = \sin x = 0\}$$

Ker f는 $f^{-1}(\{0\})$으로도 나타내며 $\{0\}$(집합으로 본다.)의 원상 또는
역상이라고 한다.

이 경우에는

$$\text{Ker}\, f = f^{-1}(\{0\}) = \{\pm n\pi\}$$
$$(n = 0, 1, 2, 3, \cdots)$$

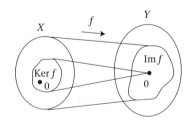

Im f와 Ker f의 관계

초등학교나 중학교에서는 수와 수의 관계만으로도 충분했지만, 고등학교나 대학교에서는 수보다 조금 더 고차원적인 개념인 벡터가 중요해진다. 실제로 물리학, 공학, 경제학 개념 대부분은 벡터 없이 풀리지 않는다. 이 때문에 대학 첫해에 벡터가 관련된 선형대수학을 배우는 것이다. 그 선형대수에 Im과 Ker이 등장한다.

벡터 공간은 벡터의 집합이다. 벡터에는 벡터의 합과 스칼라 곱셈이라는 연산이 정의되어 있는데, 그 연산이 어느 일정한 조건을 만족하는 경우를 벡터 공간이라고 한다.(보통 연산에서 닫혀 있다는 표현을 할 때가 많다.)

여기서 두 벡터 공간 V와 W에 대해 V에서 W에 대한 대응(사상)을 생각해 보자. V도 W도 합과 스칼라 곱셈이라는 연산을 갖고 있으므로 단순한 대응이 아니라 이들 연산을 보존하는 대응을 생각하는 것이 자연스럽다. 그러한 대응을 선형 사상이라고 하고, 아래의 (1)과 (2)를 f의 선형성이라고 한다.

$f : V \rightarrow W$

(1) $f(x+y) = f(x) + f(y)$ (합을 보존한다.)

(2) $f(kx) = kf(x)$ (스칼라 곱셈을 보존한다. k는 실수 혹은 복소수)

이 정의에서 보면 $f(x) = \sin x$는 선형성을 갖지 않는다. $f(x) = ax$ (a는 정수)는 선형이지만 $f(x) = ax + b$ ($b \neq 0$)은 선형이 아니다. 이처럼 선

형성은 비례적 관계를 나타내는 초등 수학의 성질이다. 즉 원료를 2배로 늘리면 완제품도 2배가 된다는 성질인데, 가장 기본적이고 유용한 사상이다. 다음과 같은 연립방정식을 생각해 보자.

$$\begin{cases} x+2y+z=0 \\ 2x-y+3z=0 \\ 3x+y+4z=0 \end{cases}$$

이것은 식에서 대수를 성분으로 하는 행렬

$$A = \begin{pmatrix} 1 & 2 & 1 \\ 2 & -1 & 3 \\ 3 & 1 & 4 \end{pmatrix}$$

을 생각하고, $f : \mathbb{R}^3 \to \mathbb{R}^3$을

$$f(\boldsymbol{x}) = A\boldsymbol{x}, \boldsymbol{x} = \begin{pmatrix} x \\ y \\ z \end{pmatrix}$$

라고 하면 f는 선형 사상이 된다. $f(\boldsymbol{x}) = A\boldsymbol{x}$는 A가 1행 1열의 행렬이라면 A는 단순한 상수이므로 $f(x) = ax$라는 형태가 되는데, 그것의 행렬 표현이라고 보면 된다.

그런데 위의 연립방정식을 푸는 것은 $f(\boldsymbol{x}) = \boldsymbol{0}$이 되는 벡터 x를 구하는 것이므로 결국 $\mathrm{Ker}\, f$를 구하는 것이다. 따라서 $\mathrm{Ker}\, f$는 이 연립방정식의 해집합으로 볼 수 있다.

이 $\mathrm{Ker}\, f$는 벡터 공간이지만, 이것이 어느 정도 차원의 벡터 공간

이 될지는 그 차원을 구해 보면 안다. 그러려면 차원 공식이라는 것이 필요하다.

차원 공식

$f : V {\rightarrow} W$인 선형 사상 f에 대해 $\operatorname{Im} f$ 및 $\operatorname{Ker} f$는 각각 벡터 공간이 되고, 차원 공식으로 불리는 다음의 관계가 성립한다.

$$\dim V = \dim(\operatorname{Ker} f) + \dim(\operatorname{Im} f) \text{ (차원 공식)}$$

차원 공식에 따르면 다음과 같다.

$$\dim(\operatorname{Ker} f) = \dim \mathrm{R}^3 - \dim(\operatorname{Im} f)$$
$$= 3 - \dim(\operatorname{Im} f)$$

그러나 $\dim(\operatorname{Im} f)$은 행렬 A의 rank(계수)라는 사실이 알려져 있으므로

$$\dim(\operatorname{Ker} f) = 3 - \operatorname{rank} A$$

가 되고, $\operatorname{Ker} f$의 차원을 계산할 수 있게 된다. rank는 행렬 A의 1차 독립인 열벡터의 최대 개수다.(36장 참고) 이 경우는 $\operatorname{rank} A = 2$가 되고, $\dim(\operatorname{Ker} f) = 1$이 된다.

따라서 이 연립방정식의 해의 공간은 1차원이고 직선적이며, 그 해는 어느 특정 벡터 1개의 임의 실수배로 모두 얻을 수 있다. 구체적으로 해를 구하지 않아도 해가 만드는 구조를 알 수 있는 것이다. 이것이 수학의 위대한 부분이다. 이 문제의 경우 $\operatorname{Ker} f$를 구체적으로 나타내면 다음과 같다.

$$\operatorname{Ker} f = \{t(-7, 1, 5) \mid t\text{는 임의의 실수}\}$$

이처럼 $\operatorname{Ker} f$, $\operatorname{Im} f$는 연립방정식의 풀이와 밀접하게 연결되어 있다. 게다가 $\operatorname{Ker} f$, $\operatorname{Im} f$ 차원의 계산은 행렬의 계산으로 돌아오기 때문에 그야말로 행렬(matrix) 세상인 셈이다. '매트릭스'는 영화와 수학, 두 분야에서 모두 한 획을 그은 중요한 단어라고 할 수 있겠다.

^{t}A, A^{*}, trA

보기 좋은 떡이 먹기도 좋다

이 기호들은 행렬 A에 관한 어떤 조작과 그 결과를 나타낸다. A', ^{t}A는 둘 다 행렬의 전치(transpose)를 나타낸다. 전치란 행렬 A의 행과 열을 바꾸는 연산이다. t를 오른쪽 위에 붙일지 왼쪽 위에 붙일지는 여러분 마음이다. 단, 한번 붙이면 끝까지 그 위치 그대로 써야 한다. 왼쪽 오른쪽을 왔다 갔다 하면서 변덕을 부리지는 말자.

$$A = \begin{pmatrix} 3 & 1 & 2 & 1 \\ 1 & 0 & 0 & 1 \\ 4 & 1 & 3 & 2 \end{pmatrix}$$

행렬 A가 위와 같다면, A' 또는 ^{t}A는 다음과 같다.

$$^{t}A = A' = \begin{pmatrix} 3 & 1 & 4 \\ 1 & 0 & 1 \\ 2 & 0 & 3 \\ 1 & 1 & 2 \end{pmatrix}$$

그 결과만 나타낸다면 일일이 A'나 $'A$라는 기호를 쓸 필요는 없다. 그러나 단순히 결과뿐만 아니라 $t: A \rightarrow {}'A$라는 대응을 고려할 필요성까지 생각하는 것이 편리할 때가 많다. 이 정의에 따른다면 다음과 같이 쓸 수 있다.(단, 엄밀히 따지면 아래 식은 정의에 따른 식이 아니라 증명이 필요한 '정리'이다.)

$$'(AB) = {}'B\,{}'A$$

이는 두 행렬 A, B의 곱에 전치라는 연산을 하면 B의 전치와 A의 전치의 곱이 된다는 사실을 나타낸다. 이처럼 기호를 활용하면 전치의 성질을 보다 간결하게 나타낼 수 있다. 그 밖에 이런 것도 있다.

$$'(A+B) = {}'A + {}'B, \ {}'({}'A) = A$$

특히 $A = {}'A$가 되는 행렬 A는 대칭행렬이라 불리는 중요한 행렬 중 하나다. 대칭성은 자연계의 현상이나 물질이 보여주는 두드러지는 특성인데, 수학적으로도 다루기가 쉽다. 매우 아름답고 훌륭한 성질인 셈이다. 예를 들어 2차 식이라 불리는 다음과 같은 식은 대칭행렬을 써서 표시할 수 있다.

$$x^2 + y^2 + 4z^2 + 2xy + 4yz + 4zx$$

$$= (x \ y \ z) \begin{pmatrix} 1 & 1 & 2 \\ 1 & 1 & 2 \\ 2 & 2 & 4 \end{pmatrix} \begin{pmatrix} x \\ y \\ z \end{pmatrix} \quad (1)$$

이 행렬처럼 대칭행렬은 대각 성분을 축으로 해서 대칭이 되어 있는 것이 특징이다. 주대각선 위에 있는 1, 1, 4를 대각 성분이라고 한다.

$$\begin{pmatrix} 1 & 1 & 2 \\ 1 & 1 & 2 \\ 2 & 2 & 4 \end{pmatrix}$$
주대각선

여기에 대해

$$^tA = -A$$

를 만족하는 행렬을 교대행렬이라고 하는데, 이때 대각 성분은 모두 0이다. 사실 어떤 행렬 X도 대칭행렬 A와 교대행렬 B를 써서 보통 $X = A + B$로 분해할 수 있다.

그런데 행렬에서 중요한 개념으로 고윳값이라는 것이 있다. 고윳값은 행과 열의 수가 같은 정사각행렬에서만 생각할 수 있지만, 행렬의 특성을 나타내는 중요한 수치라고 볼 수 있다.

$$A = \begin{pmatrix} 1 & 1 & 2 \\ 1 & 1 & 2 \\ 2 & 2 & 4 \end{pmatrix}$$

실제로 위의 고윳값은 다음과 같다. 고윳값이란 λ(람다)를 미지수로 두고 λ에 관한 다음 방정식의 해를 말한다.

$$\det(A - \lambda E) = 0 \ (\det 는 \ 행렬식을 \ 나타내는 \ 기호)$$

E는 다음과 같은 단위행렬이다.

$$E = \begin{pmatrix} 1 & 0 & 0 \\ 0 & 1 & 0 \\ 0 & 0 & 1 \end{pmatrix}$$

$$A - \lambda E = \begin{pmatrix} 1 & 1 & 2 \\ 1 & 1 & 2 \\ 2 & 2 & 4 \end{pmatrix} - \lambda \begin{pmatrix} 1 & 0 & 0 \\ 0 & 1 & 0 \\ 0 & 0 & 1 \end{pmatrix}$$

$$= \begin{pmatrix} 1-\lambda & 1 & 2 \\ 1 & 1-\lambda & 2 \\ 2 & 2 & 4-\lambda \end{pmatrix} \text{이므로}$$

$$\det(A - \lambda E) = \begin{vmatrix} 1-\lambda & 1 & 2 \\ 1 & 1-\lambda & 2 \\ 2 & 2 & 4-\lambda \end{vmatrix} = -\lambda^2(\lambda-6) = 0$$

따라서 고윳값은 0(중근), 6이다.

여기부터는 선형대수 책을 참고하면 더 잘 이해할 수 있다. 어떤 방법으로 직교행렬 P를 만들면 ${}^tPAP$는 대각선 위에 행렬 A의 고윳값 0, 0, 6이 차례대로 나타나면서 다음과 같은 행렬이 된다. 참고로 직교행렬이란 ${}^tPP = P{}^tP = E$(단위행렬)가 되는 행렬 P를 말한다.

$${}^tPAP = \begin{pmatrix} 0 & 0 & 0 \\ 0 & 0 & 0 \\ 0 & 0 & 6 \end{pmatrix} \text{(대각선 위의 0, 0, 6은 고윳값)}$$

이렇게 대칭행렬은 언제든지 대각행렬(주대각선 이외는 0)로 변신할 수 있다. 일반적인 행렬에서 항상 이렇게 되는 것은 아니다. 그렇기

212

때문에 대칭행렬을 특별하게 여기는 것이다. 작은 부분들은 생략했지만, 앞 2차 식 (1)은 $(u, v, w) = (x, y, z)P$에 따라 새로운 변수 (u, v, w)로 바꿔 쓰면 $6w^2$이라는 간단한 식으로 변신한다. 이것으로 (1)의 정체가 확실해진 것이다.

$$(u \ v \ w) \begin{pmatrix} 0 & 0 & 0 \\ 0 & 0 & 0 \\ 0 & 0 & 6 \end{pmatrix} \begin{pmatrix} u \\ v \\ w \end{pmatrix} = 6w^2$$

한편 물리나 공학에서는 복소수의 영향력이 강하다. 복소수를 성분으로 하는 행렬에서는 t 대신에 *를 써서 다음과 같은 행렬을 생각한다.

$$A^* = {}^t\overline{A}$$

($\overline{A}$는 A의 각 성분의 켤레복소수를 성분으로 하는 행렬)

따라서 행렬 A의 각 행과 각 열이 실수라면 $A^* = {}^tA$이다. 예를 들면 다음과 같다.

$$A = \begin{pmatrix} 1+i & i & 0 \\ 0 & -i & 2 \\ 3 & 2i & 4i \end{pmatrix} \text{일 때, } A^* = \begin{pmatrix} \overline{1+i} & \overline{0} & \overline{3} \\ \overline{i} & \overline{-i} & \overline{2i} \\ \overline{0} & \overline{2} & \overline{4i} \end{pmatrix}$$

$$= \begin{pmatrix} 1-i & 0 & 3 \\ -i & i & -2i \\ 0 & 2 & -4i \end{pmatrix}$$

$A^* = A$가 되는 행렬은 에르미트 행렬이라고 부르며 대칭행렬과

매우 비슷한 성질을 가진다. 에르미트는 19세기 프랑스의 수학자인데 e가 초월수라는 사실을 증명한 것으로 유명하다. 행렬 A^*의 고윳값은 모두 실수이며 적당한 유니터리 행렬에서 대각으로 만들 수 있다. 유니터리 행렬이란 직교행렬의 복소수 버전인데, $P^*P = PP^* = E$가 되는 행렬 P를 말한다.

특히 $AA^* = A^*A$가 되는 행렬은 정규행렬이라 불린다. 복소행렬이 적당한 유니터리 행렬에서 대각화를 가능하게 하는 필요충분조건은 그것이 정규행렬이어야 한다는 사실이 알려져 있다. 이를 테플리츠의 정리라고 한다. 한편 Tr A나 tr A라는 기호는 A의 대각합(trace)이라고 하며 행렬 A의 대각선 성분의 총합을 말한다.

$$A = \begin{pmatrix} 1 & 2 & -3 \\ 3 & -5 & 4 \\ 2 & 6 & 7 \end{pmatrix}$$

예컨대 위의 식에서는 Tr $A = 1 + (-5) + 7 = 3$이다.

대각합은 다음과 같은 성질을 가진다.

$$\text{Tr}\,^t A = \text{Tr}\,A,\ \text{Tr}\,kA = k\,\text{Tr}\,A,$$
$$\text{Tr}(A+B) = \text{Tr}\,A + \text{Tr}\,B,\ \text{Tr}\,AB = \text{Tr}\,BA$$

또한 P가 직교행렬이라면 Tr(^tPAP) = Tr(A)가 된다. 따라서 대칭행렬의 대각합은 고윳값의 합이 된다. 이 사실은 대각합이 행렬의 특성을 나타내는 지표가 될 수 있다는 사실을 보여준다. 예를 들어 행렬 A가 정규행렬인지 아닌지 판정할 때 이 대각합이 쓰인다.

다음 판정법은 슈어의 정리라고 부르는데, 슈어는 20세기 초기의 독일 수학자다. A가 n차 정규행렬이기 위한 필요충분조건은 다음과 같다.

$$\mathrm{Tr}^t A^* A = |\lambda_1|^2 + |\lambda_2|^2 + |\lambda_3|^2 + \cdots + |\lambda_n|^2$$

단, $\lambda_1, \lambda_2, \lambda_3, \cdots, \lambda_n$은 A의 고윳값이다.

고난도 수학:
기호로 이해하는 편미분

$d(P,Q)$

δx

$\Gamma(s)$

$\overset{\circ}{A}$

$\partial / \partial x$

div

$\times$

∂A

∇

grad

$\partial(f,g)/\partial(x,y)$

rot

A

$\int$

curl

$d(P, Q)$

거리가 꼭 길인 것은 아니다

$d(P, Q)$는 점 P와 점 Q 사이의 거리(distance)를 나타내는 기호이며, $d(P, Q)$는 점 P와 점 Q에 의해 정해지는 실숫값이다.

R^2(좌표 평면)에서 $P=(a, b)$와 $Q=(c, d)$의 거리는 $\sqrt{(a-c)^2+(b-d)^2}$이다. 따라서 거리 기호를 쓰면 다음과 같다.

$$d(P, Q)=\sqrt{(a-c)^2+(b-d)^2}$$

일반적으로는 다음과 같은 조건을 만족하는 이변수 함수 $d(P, Q)$를 점 P와 점 Q의 거리라고 정의한다.

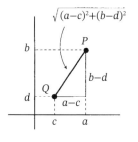

두 점 사이의 거리

(1) 거리는 음의 값을 갖지 않는다. 이를 정부호성(正値性)이라고 한다.

$$d(P, Q) \geq 0, \, d(P, Q) = 0 이라면 \, P = Q \, (역도 \, 성립)$$

(2) P에서 Q까지의 거리와 Q에서 P까지의 거리는 같다. 이를 대칭성이라고 한다.

$$d(P, Q) = d(Q, P)$$

(3) 삼각형에서 두 변의 합은 다른 한 변보다 크다. 이를 삼각부등식이라 부른다.

$$d(P, R) \leq d(P, Q) + d(Q, R)$$

어떤 집합 X에 위 성질을 가지는 $d(P, Q)$를 정의할 수 있을 때, 그 집합을 거리 공간이라고 한다. (1)~(3)만 만족하면 수학적으로는 모두 거리이기 때문에 같은 평면 위라 해도 다양한 방법으로 거리를 정의할 수 있다. 좌표 평면 R^2 위에서 앞에 설명한 거리 외에도 다음과 같은 거리 $d(P, Q)$가 있다.

$$d(P, Q) = |a - c| + |b - d|$$

$$d(P, Q) = \max\{|a - c|, |b - d|\}$$

둘 다 좌표 평면 R^2 위의 거리다. 기호 max{ , }는 괄호 안에서 큰 쪽을 취한다는 뜻이다.

앞에서 설명한 내용에 따라 두 점 $P=(0, 0)$, $Q=(1, 2)$ 사이의 거리를 구해보면 다음과 같다.

$$d(P, Q)=\sqrt{(0-1)^2+(0-2)^2}=\sqrt{5}$$
$$d(P, Q)=|0-1|+|0-2|=3 \qquad \text{(a)}$$
$$d(P, Q)=\max\{|0-1|, |0-2|\}=2 \quad \text{(b)}$$

세 번째 거리가 가장 짧다. 물론 이렇게 거리를 정의하면 도형의 모양도 달라진다. 원점 $(0, 0)$을 중심으로 거리가 1인 도형(원점에서 거리가 1인 점의 모임)을 그려보면, 처음 거리는 보통 원이 되지만 두 번째는 마름모꼴이 된다. 거리의 정의가 다르면 길이가 일정하더라도 꼭 원이 된다고 할 수 없다.

거리는 얼마나 가까운가를 나타내는 개념이기 때문에 점의 수렴

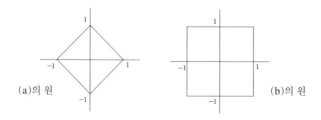

(a)의 원   (b)의 원

거리에 대한 정의가 다르면 길이가 일정하더라도 모양이 다른 도형이 만들어진다

이나 극한을 다룰 때 특히 필요성이 높아
진다. 실제로 R, R^2, $\cdots$, R^n 위의 해석학에
서는 맨 처음에 설명한 거리의 정의로 수
렴이나 극한을 다룬다.

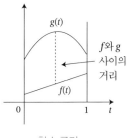

함수 공간

예를 들어 수열 $\{x_n\}$이 있는 점 a로 수
렴한다는 것은 n을 한없이 크게 하면 x_n과
a의 거리 $d(x_n, a) = |x_n - a|$가 한없이 작아진다는 의미다. 따라서
$\lim\limits_{n \to \infty} d(x_n, a) = 0$인 셈이다. $d(x_n, a) = |x_n - a|$는 (1)~(3)을 만족하므
로 R에서의 거리가 된다. 이것을 조금 더 수학적인 문법으로 표현하면
다음과 같다.

임의의 $\varepsilon > 0$에 대해 적당한 자연수 N이 존재하여, $n \geq N$인 모든 x_n
에 대해 $d(x_n, a) < \varepsilon$이 성립한다.

R^2처럼 잘 알려진 집합뿐만 아니라 다양한 집합에 거리를 정의해
서 해석학이나 기하학을 전개한다. 예를 들어 닫힌 구간 $[0, 1]$에서 정
의된 연속(continuous)인 실변수 함수의 전체라는 집합이 있다고 하
자. 이것은 수학 기호로는 $C[0, 1]$이나 $C_{[0, 1]}$이라고 쓴다.

이 $C[0, 1]$의 원소는 함수이므로 그것을 f, g라고 하면 f와 g의 사
이의 거리를 다음과 같이 생각할 수 있다. 이러한 집합을 함수 공간이
라고 한다.

$$d(f, g) = \max_{0 \le t \le 1} |f(t) - g(t)|$$

이 거리는 $f(t)$와 $g(t)$ 사이에서 가장 멀리 떨어져 있는 곳을 측정했으니 거리가 0이면 함수 f와 g가 일치한다는 것은 명확하다.

함수와 함수 사이가 얼마나 떨어져 있는지 생각하면 함수끼리의 수렴이나 극한을 다룰 수 있게 된다. 물론 어떤 거리를 활용하면 좋을지는 거기서 도출되는 수학적 내용이 얼마나 풍부한지에 달렸다. 혹시 친구나 연인과의 거리가 멀어진 느낌이 든다면 지금까지의 거리가 아닌 다른 거리를 생각해 보는 것은 어떨까? 분명 해결책이 보일 것이다.

$\overline{A}, \mathring{A}, \partial A$

현대 수학으로 들어가는 문

이들은 위상수학(topology)이라 불리는 개념에서 다루는 기호인데, 미적분을 시작할 때 실수에 관해 이야기하면서 나올 때도 있다. 위상 공간 X의 부분집합 A에 대해 $\overline{A}$는 A의 폐포(closure), $\mathring{A}$는 A의 내부(interior), ∂A는 A의 경계(boundary)라고 불린다.

직관적으로 생각하면 ∂A는 A의 경계이므로 말 그대로 A의 테두리를 말한다. $\overline{A}$는 A의 폐포이므로 A를 감싸서 A에 테두리를 두르는 작업을 하고, 그 테두리도 같이 생각하는 것이다. $\mathring{A}$는 A의 내부이니 폐포와는 반대로 A의 테두리를 떼낸 것과 같다.

위상이란 뭉뚱그려 말하자면 '가까움'의 개념이다. 가까움을 나타내는 구체적인 것으로 거리가 있는데, 위상은 거리보다 조금 더 일반적인 개념이다. 아무튼 위상이나 거리 둘 다 가까움의 개념이기 때문에 수렴과 극한을 다루는 기본 구조라고 생각하면 된다. 더 깊게 들어

가면 어려워지므로 위상에 대해서는 여기까지만 언급하도록 하겠다.

평면 R^2에 일반적인 의미의 거리 d(40장 참고)가 정의되어 있다고 하자. R^2에 공집합이 아닌 부분집합 U가 있는데, 그 안의 어느 점 a에 대해서든지 어떤 양수 δ_a가 존재하여 a를 중심으로 하는 테두리 없는 반지름 δ_a의 원판을 U가 포함할 때, U를 개집합(open set)이라고 한다. 이것은 U가 테두리 없는 집합이라는 사실

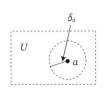

을 수학적으로 표현한 것이다. 이름처럼 창문을 활짝 열고 사는 여름에 어울리는 집합이다. 한편 개집합 U의 여집합 U^c는 폐집합(closed set)이라고 한다. 따라서 이것은 테두리가 있는 집합이며 방에 틀어박히게 되는 겨울에 어울리는 집합이다.

그런데 R^2의 점 y에 대해 y를 중심으로 하는 반지름 ε의 테두리 없는 원판을 $V_{y,\varepsilon}$라고 했을 때, 이것은 y를 포함하는 개집합이다. 이러한 $V_{y,\varepsilon}$를 y의 근방이라고도 한다. $V_{y,\varepsilon}$ 안에 사는 주민은 y씨의 이웃이라는 것이다.

A를 R^2의 부분집합이라고 하고 집적점이라는 것을 정의한다. 점 b가 A의 집적점이라는 것은 b를 포함하는 임의의 개집합 U에 대해 $(A-\{b\})\cap U \neq \phi$($\phi$는 공집합 기호)가 성립한다는 것이다. U로서 근방 $V_{b,\varepsilon}$를 생각해서 ε를 한없이 작게 만들어도 $(A-\{b\})\cap V_{b,\varepsilon} \neq \phi$가 가능

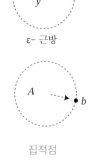

ε- 근방

집적점

하다는 것은 점 b가 A에 확실히 달라붙어 있는 상태임을 나타낸다. 즉 점 b는 A의 점에서 얼마든지 접근할 수 있다는 것을 뜻한다.

$$A = \{(x, y) \in R^2 \mid x^2 + y^2 < 1\} = \text{반지름 1인 개원판}$$

이라면, 반지름이 1이 되는 곳에 놓인 점들은 집적점의 정의를 만족시킨다. A 내부의 점 역시 마찬가지이므로 A의 집적점을 모두 모으면 이 원판의 테두리까지 포함한 집합이 된다. 이때 A와 A의 집적점 집합을 $\overline{A}$라 쓰고 A의 폐포(closure)라고 한다.

$$\overline{A} = A \cup \{A\text{의 집적점}\}$$

사실 이 집합은 폐집합이다. $\overline{A}$는 A를 포함하는 폐집합 만드는 법을 나타내며 A를 포함하는 가장 작은 폐집합이다.

한편, $\overset{\circ}{A}$는 A의 내점이라 불리는 점의 집합이다. 이것은 $\overline{A}$와 달리 A에 포함되는 가장 큰 개집합이다. x가 A의 내점이라는 말은 x를 포함하면서 A에 포함되는 개집합을 취할 수 있다는 뜻이다.

$$A = \{(x, y) \in R^2 \mid x^2 + y^2 \leq 1\} = \text{반지름이 1인 폐원판}$$

이 식에 대해서 $\overset{\circ}{A}$는 테두리를 포함하지 않는 개원판이다. 또한 ∂A

$\overline{A}$ A의 내점:$\mathring{A}$ A의 경계:∂A

내점, 경계점의 집합

는 A의 경계라 불리는 것으로 다음과 같이 생각한다. 점 x가 A의 경계점이라는 것은 x를 포함하는 임의의 개집합 U에 대해 다음 식이 성립하는 것이다.

$$U \cap A \neq \phi \text{ 또한 } U \cap A^c \neq \phi$$

그 점을 중심으로 하는 어떤 ε 근방도 자신의 집 뜰과 이웃집 뜰에 걸쳐 있는 셈이다. 그야말로 경계가 어울리는 정의라고 할 수 있다. A가 반지름 1인 개원판이든 폐원판이든, ∂A는 반지름이 1인 원이다.

이들 개념이 어떤 역할을 하는지 설명하려면 더 많은 준비가 필요하지만, 예를 들어 점열 $\{x_n\}$이 점 a에 수렴한다는 것을 개집합의 개념으로 바꿔 말할 수 있다.

a를 포함하는 임의의 개집합 U에 대해 어떤 자연수 N이 존재하고, $n \geq N$이 되는 모든 x_n은 U에 포함된다.

거리든 그보다 일반적인 개념인 위상이든 개집합과 폐집합과 관계가 있으며, 나아가 그것은 수렴과 극한과도 관계가 있다. 그리고 $\overline{A}$든 $\overset{\circ}{A}$든 개집합이나 폐집합을 만드는 동작이다. 구체적으로 거리를 생각할 수 없어도 위상을 생각하면 가까움이나 극한을 생각할 수 있게 되어 수학의 적응성이 넓어졌다고 할 수 있다.

이러한 추상적인 개념을 생각한 사람은 20세기 프랑스의 수학자 프레셰이다. 그 후 독일의 하우스도르프나 폴란드의 쿠라토프스키, 러시아(당시는 소련)의 알렉산드로프 등이 위상 공간의 개념을 발전하고 확립했다. 실제로 위상의 개념은 사회학에서 생물학까지 다양한 분야에서 사용된다. 위상은 이제 현대 수학의 기초가 되었다.

δ_x

믿기 힘든 함수

δ_x는 '디랙 델타'라 불리는 함수인데, $x=0$일 때만 값을 취하고 그 이외에는 0이지만 $-\infty$부터 ∞까지 적분하면 1이 되는 함수다. δ_x 대신에 $\delta(x)$로 쓰면 다음과 같이 쓸 수도 있다.

$$\delta(x)=0 \quad (x\neq 0), \quad \int_{-\infty}^{\infty} \delta(x)\mathrm{d}x=1$$

실제로는 이러한 함수가 존재하지 않지만, 영국의 이론 물리학자 디랙이 20세기 중반에 양자역학을 창시했을 때 편의를 고려해 만든 함수다.

사실 함수의 개념은 17세기까지 없었다. 함수(function)라는 용어는 1693년에 라이프니츠가 '역할'이라는 뜻으로 사용했다. 오늘날의 함수 $f(x)$는 18세기에 오일러가 만든 $f:x$를 달랑베르가 f_x로 쓰면서 시작했는데, 당시에 함수라는 것이 "해석적인 식인가, 자유롭게 적힌 곡선인가?"라는 질문을 둘러싼 논쟁이 벌어졌고 18세기 내내 이 논쟁은 끊이질 않았다.

함수에 대한 일반적인 정의를 내린 사람은 19세기 독일의 수학자 디리클레다. 디리클레는 다음과 같이 대응을 활용해서 함수를 정의했다.

'y가 변수 x의 함수라는 것은 x의 각 값에 대해 완전히 결정되는 값 y가 대응하고 있고, 그 대응이 해석적 식, 그래프, 표, 혹은 간단한 말 등 어떠한 형태로 확립되어 있는 것이다.'

다음과 같은 함수를 디리클레 함수라고 하는데,

$$f(x)=1 \ (x가 \ 유리수)$$
$$f(x)=0 \ (x가 \ 무리수)$$

이것은 해석적 식, 그래프, 표 그 어느 것으로도 표현하기 어려운 함수의 예시다. 대응이라는 말로도 표현하기가 쉽지 않다.

마찬가지로 이러한 함수의 개념에서 확장되어 나온 것으로는 앞서 설명한 디랙의 함수가 있다. 이것을 오늘날 초함수라 부르는데, 제2차 세계대전 후 첫 필즈상 수상에 빛나는 프랑스의 수학자 슈바르츠가 일반화된 함수 개념으로 도입했다.

초함수의 개념을 대략적으로 설명하면, 함수라는 것을 조금 더 넓게 생각해서 '작용'으로 보는 것이다. 즉 δ를 다른 함수에 곱해서 적분을 했을 때 그 함수에서 $x=0$ 부분만 꺼내는 작업을 하는 것이다. 세계 곳곳에서 일어나는 사건의 '지금 이 순간'을 불러내는 것이니 마치 '도라에몽의 세계'와 같은 셈이다.

지금 실숫값 함수 $f(x)$에 대해 $x=0$에서의 값 $f(0)$을 대응시키는 대응 T를 '디랙 측도' 또는 '디랙의 초함수'라고 부른다. 실제로 디랙은 적분을 사용해서 다음과 같이 나타냈다.

$$T(f)=\int_{-\infty}^{\infty}\delta(x)f(x)\mathrm{d}x=f(0)$$

이러한 식을 성립하게 하는 함수 $\delta(x)$를 디랙 델타 함수라고 부르는데, 물론 이러한 성질을 가지는 함수는 없다. 이 함수 같은 구성이 문제가 되는데 구체적으로는 다음과 같다. 먼저 함수 $h_\varepsilon(x)$를 다음과 같이 정의한다.

$$h_\varepsilon(x)=\frac{1}{2\varepsilon}(|x| \le \varepsilon)$$
$$h_\varepsilon(x)=0(|x| > \varepsilon)$$

라면, 다음과 같이 쓸 수 있다.

$$\int_{-\infty}^{\infty}h_\varepsilon(x)\mathrm{d}x=1 \qquad (1)$$

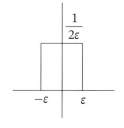

디랙의 델타 함수

이제 아까 나왔던 실숫값 함수 $f(x)$를 생각하면 다음 식이 성립한다.

$$\lim_{\varepsilon \to 0} \int_{-\infty}^{\infty} f(x)h_\varepsilon(x)\mathrm{d}x$$

$$=\lim_{\varepsilon \to 0} \int_{-\varepsilon}^{\varepsilon} \frac{1}{2\varepsilon} f(x)\mathrm{d}x \quad \text{(적분에 관한 평균값의 정리)}$$

$$=\lim_{\varepsilon \to 0} \frac{1}{2\varepsilon} 2\varepsilon f(x_0) \quad (-\varepsilon < x_0 < \varepsilon) \qquad (2)$$

$$=\lim_{\varepsilon \to 0} f(x_0)= f(0) \qquad \text{(ε이 작아지면 x_0은 0에 가까워진다.)}$$

적분에 관한 평균값의 정리

$$\int_{a}^{b} f(x)\mathrm{d}x = f(c)(b-a) \quad (a < c < b)$$

을 만족하는 실수 c가 존재한다.

$$\delta(x)=\lim_{\varepsilon \to 0} h_\varepsilon(x) \qquad (3)$$

이렇게 하면 (1)과 $h_\varepsilon(x)$의 정의보다 $\delta(x)$는 첫머리에 나왔던 성질을 가진다.

(2)와 (3)에서 다음을 나타낼 수 있다.

$$\int_{-\infty}^{\infty} f(x)\delta(x)dx = f(0)$$

위와 같이 드디어 디랙의 δ가 구성되었다.

1932년 국제수학자회의에서 캐나다의 수학자 필즈 교수를 기리며 만들어진 상이다. 4년마다 원칙적으로 40세 이하의 수학자에게 주어지는 상으로 수학의 노벨상이라고 불린다. 신기하게도 노벨상에는 수학 부문이 없다. 떠도는 말에 따르면 노벨이 수학을 싫어해서 수학 분야는 수상 대상에서 제외했다고 한다. 한국 국적으로 필즈상을 수상한 학자는 아직 없지만, 2022년 한국계 미국인인 허준이 박사가 필즈상을 받았다. 일본에서는 지금까지 고다이라 구니히코, 히로나카 헤이스케, 모리시게 후미 총 3명이 수상했다.

43

일의 양을 알 수 있는 편리한 내적

•이라는 기호는 내적을 나타내는 데 쓰인다. 그 밖에도 곱셈이나 사상의 결합 등에 흔히 쓰이는 편리한 기호다. 원래 내적은 힘이 한 일의 양을 표현한 것이다. 어떤 질점(질량이 모인 점)에 일정한 힘 a가 작용해서 b라는 변위를 일으켰다고 하면, 그 변위가 일어나도록 a가 한 일의 양 W는 a의 b 방향으로의 크기와 b의 크기 $\|b\|$를 곱하면 된다.($\|\ \|$는 벡터의 크기를 나타내는 기호) a의 b 방향으로의 크기는 a와 b가 이루는 각을 θ라고 하면 $\|a\|\cos\theta$이므로 아래와 같다.

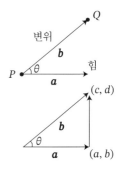

$$W = (\|a\|\cos\theta)\|b\| = \|a\|\|b\|\cos\theta$$

$a = (a, b), b = (c, d)$라면 코사인 정리   내적과 힘으로 이루어지는 작용

에 따라 다음과 같이 쓸 수 있다.

$$\|b-a\|^2 = \|a\|^2 + \|b\|^2 - 2\|a\|\|b\|\cos\theta$$
$$= (c-a)^2 + (d-b)^2$$
$$= a^2 + b^2 + c^2 + d^2 - 2ac - 2bd$$

여기서

$$\|a\|^2 = a^2 + b^2$$
$$\|b\|^2 = c^2 + d^2$$

이므로

$$2\|a\|\|b\|\cos\theta = \|a\|^2 + \|b\|^2 - \|b-a\|^2$$
$$= 2ac + 2bd$$

가 되고,

$$W = \|a\|\|b\|\cos\theta = ac + bd$$

라고 쓸 수 있다.

여기서 $\|a\|\|b\|\cos\theta$ 또는 $ac+bd$를 $a \cdot b$로 표기하고 벡터 a와 b의 내적이라고 한다.

$$a \cdot b = (a, b) \cdot (c, d) = ac + bd$$

물론 •이라는 기호는 수의 곱(곱셈)에서 따왔다. 내적에서는 실수의 곱셈과 마찬가지로 교환 법칙은 성립하지만, 결합 법칙은 정의되지 않는다.

$$a \cdot b = b \cdot a$$

수에는 가환성을 띠는 덧셈과 곱셈에 관한 분배 법칙이 있다. 벡터의 합과 곱에 관한 분배 법칙은 다음과 같다.

$$a \cdot (b+c) = a \cdot b + a \cdot c$$

그리고 역시 수와 똑같은 다음의 성질이 있다.

$$a \cdot a \geq 0, \, a \cdot a = 0 \text{이라면 } a = 0 \text{ (영벡터)}$$

수의 경우에는 곱(곱셈)에 대한 나머지(나눗셈)라는 것을 생각할 수 있지만, 내적의 경우에는 두 벡터에 대해 어떤 수치(실수)를 대응시킨 것을 곱이라고 부르기 때문에 나머지는 생각할 수 없다. 그런 의미에서 수에서 하는 곱셈과는 조금 다르다.

공간 벡터 $a=(a,b,c), x=(x,y,z)$에 대해

$$(a, b, c) \cdot (x, y, z) = ax + by + cz$$

이렇게 두면

$$(a, b, 0) \cdot (x, y, 0) = ax + by + 0 = a \cdot x + b \cdot y$$

가 되어 평면에서의 내적을 구할 수 있게 된다.

물론 수학적으로는 더 많은 내적을 생각할 수도 있다. 그러려면 내적을 공리적으로 정의해야 할 필요가 있다.(238쪽 칼럼 참고)

물리학적으로는 힘의 크기(길이)나 방향(각도)의 개념이 먼저 있었고, 거기에서 일이라는 새로운 양을 표현하기 위해 내적이 도입되었다. 역으로 내적을 써서 길이를 나타내는 기하학적 양을 생각할 수도 있다. 내적이 먼저 정의되어 있다는 것에서 출발하면, 벡터 x의 길이 $\|x\|$는

$$\|x\| = \sqrt{x \cdot x} \quad (x \cdot x \text{는 내적})$$

이므로, 벡터 x와 y가 이루는 각도 $\theta(0° \leq \theta \leq 180°)$는 다음과 같은 방법으로 구할 수 있다.

$$\cos \theta = x \cdot y / \|x\| \|y\|$$

벡터의 각도와 내적

이 사실에서 내적 $x \cdot y$가 0일 때 x와 y는 직교함을 알 수 있다.

한편 벡터의 길이와 내적에는 다음 관계식이 성립한다.

$$\|x+y\|^2 - \|x-y\|^2 = 4x \cdot y$$

이 식은 길이($\|\ \|$)와 내적($\cdot$)을 잇는 매우 중요한 관계식이다. 이 식은 처음에 벡터 x의 길이 $\|x\|$가 먼저 주어졌다고 하면, 거기서 내적을 정의할 수 있다는 사실을 나타낸다. 즉 내적을 먼저 생각하든 길이를 먼저 생각하든 똑같다는 뜻이다. 수학을 이해하는 핵심은 여러 가지 공식 중에서 중요한 열쇠가 되는 공식을 찾아내는 것이다. 무작정 모든 공식을 외우는 것은 매우 효율이 떨어진다.

위에서 설명했듯이 내적과 길이 중 무엇을 생각해도 똑같기는 하지만, 평면이나 공간 이외의 벡터에 대해 벡터와 벡터가 이루는 각도라는 것을 반드시 시각적으로 파악할 수는 없으니 내적부터 먼저 생각하는 것이 편리하다. 이처럼 내적은 길이나 각도, 나아가 넓이나 부피 등의 기하학적 양을 정의하는 주춧돌이 되는 양이므로 매우 중요한 개념이다.

예를 들어 벡터 x와 y로 만들 수 있는 평행사변형의 넓이는 길이와 내적을 써서 다음 식으로 주어진다.

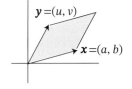

내적과 평행사변형의 넓이

$$S=\sqrt{\|\boldsymbol{x}\|^2\,\|\boldsymbol{y}\|^2-(\boldsymbol{x}\cdot\boldsymbol{y})^2}$$

벡터 $\boldsymbol{x},\boldsymbol{y}$를 $\boldsymbol{x}=(a,b),\boldsymbol{y}=(u,v)$라고 하면,

$$\|\boldsymbol{x}\|^2=a^2+b^2,\ \|\boldsymbol{y}\|^2=u^2+v^2$$

$$\boldsymbol{x}\cdot\boldsymbol{y}=au+bv$$

따라서

$$S=|\,av+bu\,|\ \text{(| |는 절댓값)}$$

$$=\begin{vmatrix} a & b \\ u & v \end{vmatrix}\text{의 절댓값 (여기에서의 | |는 행렬식의 기호)}$$

가 되고, 넓이는 행렬식으로 구할 수도 있다.

벡터 공간에서 임의의 두 벡터에 대해 다음 성질을 만족하는 실수의 값을 취하는 곱을 정의할 수 있을 때, 이 곱을 내적이라고 한다.

(1) 정부호성 $\boldsymbol{x}\cdot\boldsymbol{x}\geq0, \boldsymbol{x}\cdot\boldsymbol{x}=0\Leftrightarrow\boldsymbol{x}=0$ (영벡터)

(2) 대칭성 $\boldsymbol{x}\cdot\boldsymbol{y}=\boldsymbol{y}\cdot\boldsymbol{x}$

(3) 선형성 $(\boldsymbol{x}+\boldsymbol{y})\cdot\boldsymbol{z}=\boldsymbol{x}\cdot\boldsymbol{z}+\boldsymbol{y}\cdot\boldsymbol{z}$

$\qquad\qquad\boldsymbol{x}\cdot(k\boldsymbol{y})=k(\boldsymbol{x}\cdot\boldsymbol{y})$ (k는 임의의 실수)

44

공간으로 익숙한 외적

벡터에 대해 곱으로 생각할 수 있는 연산으로는 스칼라 곱, 내적, 외적이 있다. 스칼라 곱은 벡터끼리 하는 연산이 아니라 스칼라(실수나 복소수)와 벡터의 연산이며 어느 벡터 x를 2배한다는 것을 식으로는 $2x$와 같이 나타낸다.

내적은 앞 장에서 설명했듯이 벡터와 벡터의 연산이다. 그 곱의 결과는 어떤 수치(스칼라)이고, 기하학적 양을 생각할 때 기본이 되는 양 중 하나다. 한편 ×라는 기호로 나타내는 외적은 그 결과가 벡터가 된다. 단, 특별한 일이 없는 한 외적은 공간(3차원 공간)에서 적용되는 개념이라고 생각해도 좋다. 물리학에서는 '모멘트'라는 개념이 이 외적에 해당한다.

점 O로 고정된 막대기 OP를 생각해 보자. P는 자유롭게 움직일 수 있다고 하고, 점 P에 이 막대기를 회전시키는 힘 a가 다음 그림과

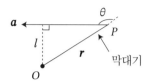

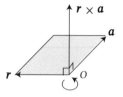

$l = \|\boldsymbol{r}\| \sin(180 - \theta)$
$\quad = \|\boldsymbol{r}\| \sin\theta$
$l \cdot \|\boldsymbol{a}\|$: 모멘트의 크기

$\boldsymbol{r} \times \boldsymbol{a}$는 벡터 $\boldsymbol{a}$의 시점이 점 O가 되도록 평행이동시켜 생각하면 그림과 같이 나타낼 수 있다.

모멘트의 크기

같이 작용한다고 하자. 이때 작용하는 힘의 크기는 점 O에서 $\boldsymbol{a}$까지의 거리 l에 비례한다. $\boldsymbol{a}$의 크기와 이 길이 l의 곱을 점 O 주변의 힘 $\boldsymbol{a}$에 따른 모멘트라고 부른다. 모멘트란 어떤 점 주변에서 물체를 회전시키는 힘을 말한다. 이때 회전 방법은 여러 가지가 있다.

위 그림처럼 막대를 회전시키는 힘이 시계 반대 방향으로 움직인다고 하면, 모멘트의 방향은 위쪽을 향하게 된다. 막대를 벡터 $\boldsymbol{r}$로 나타내면 $l = \|\boldsymbol{r}\| \sin\theta$이므로 모멘트의 크기는 다음과 같다. 여기에서 $\|\ \|$는 벡터의 크기를 나타낸다.

$$\|\boldsymbol{r}\| \, \|\boldsymbol{a}\| \sin\theta$$

따라서 모멘트는 크기가 $\|\boldsymbol{r}\| \, \|\boldsymbol{a}\| \sin\theta$이고, 방향은 벡터 $\boldsymbol{r}$과 $\boldsymbol{a}$로 만들어진 평면에 수직이며 시계 반대 방향을 양으로 만드는 벡터라는

것이다. 이것을 벡터 r과 a의 외적이라고 하며 $r \times a$로 표기한다. 그 크기 $\|r\| \|a\| \sin \theta$는 벡터 r과 a로 만들어지는 평행사변형의 넓이와 같다. 여기서 $r \times a$의 성분을 구해보자.

$r = (p, q, r), a = (a, b, c), r \times a = (x, y, z)$로 둔다. 두 벡터 r과 $r \times a$가 서로 수직이기 때문에 그 내적은 0이다.

$$px + qy + rz = 0$$

마찬가지로 a와 $r \times a$도 서로 수직이므로

$$ax + by + cz = 0$$

이 연립방정식은 미지수가 3개이므로 어느 한 미지수에 t라는 값을 주고 푼다. 이제 $z = t$로 놓고 크라메르의 공식(35장 참고)으로 풀어보자.(물론 일반적인 연립방정식의 풀이법을 사용해도 된다.)

$$px + qy = -rt$$
$$ax + by = -ct$$

크라메르의 공식에서

$$x=\frac{\begin{vmatrix} -rt & q \\ -ct & b \end{vmatrix}}{\begin{vmatrix} p & q \\ a & b \end{vmatrix}}=\frac{-rtb+qct}{pb-qa}=\frac{t(qc-rb)}{pb-qa}=t\frac{\begin{vmatrix} q & r \\ b & c \end{vmatrix}}{\begin{vmatrix} p & q \\ a & b \end{vmatrix}}$$

즉 x, y, z의 비는

$$x:y:z=\begin{vmatrix} q & r \\ b & c \end{vmatrix}:-\begin{vmatrix} p & r \\ a & c \end{vmatrix}:\begin{vmatrix} p & q \\ a & b \end{vmatrix}$$

$$=(qc-rb):(ra-pc):(pb-qa)$$

여기서 $x=k(qc-rb)$, $y=k(ra-pc)$, $z=k(pb-qa)$로 두고 k를 정하면 된다.

벡터 $r \times a$의 크기는 $\|r\| \|a\| \sin\theta$와 같으므로

$$\|r \times a\| = \|r\| \|a\| \sin\theta$$

세세한 계산을 생략하면 다음과 같다.

$$\|r \times a\|^2 = x^2 + y^2 + z^2$$

$$\|r\|^2 \|a\|^2 \sin^2\theta = (qc-rb)^2 + (ra-pc)^2 + (pb-qa)^2$$

따라서 $k^2 = 1$이고, 방향의 조건에서 $k=1$이 된다.

이렇게 해서 $r=(p, q, r)$, $a=(a, b, c)$의 외적 $r \times a$는 다음과 같다.

$$r \times a = \left(\begin{vmatrix} q & r \\ b & c \end{vmatrix}, -\begin{vmatrix} p & r \\ a & c \end{vmatrix}, \begin{vmatrix} p & q \\ a & b \end{vmatrix} \right)$$
$$= (qc - rb, ra - pc, pb - qa)$$

위 식에서 첫 줄의 표기는 외적을 외울 때 편리하다. $r \times a$는 r을 a에 겹치는 화살표 방향을 따라가기 때문에 r과 a의 위치를 바꾸면 방향도 바뀐다. 즉,

$$r \times a = -a \times r$$

r과 a가 같다면 회전은 일어나지 않기 때문에 다음과 같이 쓸 수 있다.

$$r \times r = 0 = (0, 0, 0)$$

내적이 길이나 각도, 넓이를 구할 때 사용되는 것처럼, 외적 역시 기하학적 양을 구할 때 없어서는 안 될 개념이다.

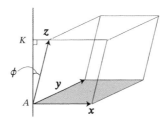

3개의 벡터로 이루어지는 입체도형의 부피

이제 243쪽 그림과 같은 x, y, z라는 세 개의 벡터로 이루어진 입체도형의 부피를 생각해 보자. 이 입체도형의 부피는 밑넓이×높이가 되지만, 밑넓이는 벡터 x와 벡터 y의 외적의 크기와 같으므로 $\|x \times y\|$이다. 높이 AK를 구하려면 벡터 z와 AK가 이루는 각도를 ϕ로 두면 $AK = \|z\| \cos \phi$로 나타낼 수 있다.$(0° \leq \phi \leq 90°)$ 이 입체도형의 부피를 V라고 하면 다음이 성립한다.

$$V = \|x \times y\| \, \|z\| \cos \phi$$

그러나 벡터 $x \times y$는 x와 y로 만들어지는 평면에 수직이기 때문에 직선 AK 위에 놓이게 된다. 따라서 ϕ는 벡터 $x \times y$와 벡터 z가 이루는 각이므로 V의 우변은 $x \times y$와 z의 내적과 같아진다. 이를 다음과 같이 나타낼 수 있다.

$$V = \|x \times y\| \, \|z\| \cos \phi = (x \times y) \cdot z$$

$x = (a, b, c), y = (p, q, r), z = (s, t, u)$라고 하면

$$x \times y = \left(\begin{vmatrix} b & c \\ q & r \end{vmatrix}, \; -\begin{vmatrix} a & c \\ p & r \end{vmatrix}, \; \begin{vmatrix} a & b \\ p & q \end{vmatrix} \right)$$

따라서

$$(x \times y) \cdot z = \begin{vmatrix} b & c \\ q & r \end{vmatrix} s - \begin{vmatrix} a & c \\ p & r \end{vmatrix} t + \begin{vmatrix} a & b \\ p & q \end{vmatrix} u$$

행렬식에서 라플라스 전개를 알고 있으면,(1행에 관한 전개)

$$\begin{vmatrix} b & c \\ q & r \end{vmatrix} s - \begin{vmatrix} a & c \\ p & r \end{vmatrix} t + \begin{vmatrix} a & b \\ p & q \end{vmatrix} u = \begin{vmatrix} s & t & u \\ a & b & c \\ p & a & r \end{vmatrix}$$

이 되고, 부피 V는 삼차행렬식으로도 구할 수 있다.

내적이나 외적은 물리적인 양이나 기하학적인 양을 표현할 때도 중요하지만, 행렬이나 행렬식 계산과도 깊은 연관이 있다.

i, j, k

실수 다음 허수, 허수 다음은 무슨 수?

초등학교에서 배우는 자연수, 분수와 소수부터 중학교에서는 음수, 고등학교에서는 복소수까지 수는 지속적으로 확장된다. "그럼 수라는 것이 여기서 끝일까?"라고 묻는다면 그렇지는 않다. 수학은 수학을 사용하는 분야와 따로 떼어서 생각할 수 없다, 특히 물리나 공학 분야에서 사용되는 사(4)원수가 여기에 해당한다. 복소수는 2차원인 평면 위의 점으로 나타내기 때문에 2차원 수에 해당한다고 볼 수도 있다.

i, j, k는 사원수의 3가지 단위를 나타내는데, 여기에 1이라는 실수의 단위를 더하면 4개의 단위가 모인다. 이렇게 구성된 개념을 사원수라고 부른다. 이들은 다음 규칙을 만족한다.

$$i^2 = j^2 = k^2 = -1$$

$$ij = k, ji = -k, jk = i, kj = -i, ki = j, ik = -j$$

첫 관계식만 보면 복소수의 허수단위 i와 같은 성질을 만족하는 것처럼 보이지만, 두 번째 이후의 관계식에서 j, k가 $\sqrt{-1}$이 아니라는 사실을 알 수 있다. 실수 a, b, c, d에 대해 다음과 같이 나타내는 수를 사원수라고 한다.

$$\alpha = a + bi + cj + dk \quad (a, b, c, d \text{는 임의의 실수})$$

또 다른 사원수를 β라 하자. 이 사원수에 대해 덧셈과 뺄셈을 다음과 같이 정의한다.

$$\beta = a' + b'i + c'j + d'k \quad (a', b', c', d' \text{는 임의의 실수})$$

라 하자. 그러면

$$\alpha \pm \beta = (a \pm a') + (b \pm b')i + (c \pm c')j + (d \pm d')k$$

곱셈, 나눗셈도 일반적인 수처럼 계산하되 i, j, k의 규칙을 이용한다. 곱셈을 시행한 결과가 다시 사원수가 된다는 사실은 직접 계산해 보면 확인할 수 있다.

$$\bar{\alpha} = a - bi - cj - dk$$

라고 하면 다음이 성립한다.

$$\alpha \bullet \overline{\alpha} = a^2 + b^2 + c^2 + d^2$$

실수, 복소수, 사원수의 관계

$\overline{\alpha}$를 α의 공액이라고 한다.

$$|\alpha| = \sqrt{\alpha \bullet \overline{\alpha}} = \sqrt{a^2 + b^2 + c^2 + d^2}$$

위의 식을 α의 노름(norm) 또는 거리라고 한다.

덧셈, 뺄셈, 곱셈, 나눗셈의 결과가 사원수이므로 이를 새로운 수라고 생각할 수 있다. 게다가 $b=c=d=0$일 때는 $a+0i+0j+0k$이므로 이것을 a로 생각하면 실수를 나타낸다고 간주할 수 있고, $c=d=0$일 때는 $a+bi+0j+0k$이므로 이것을 $a+bi$라고 생각하면 복소수를 나타낸다고 볼 수 있다. 따라서 사원수는 실수나 복소수를 특별한 경우로 포함하는 수라고 할 수 있다.

단, $ij=k$, $ji=-k$이므로 곱셈에서는 두 수의 위치를 맞바꿀 수 없다. 교환 법칙이 성립하지 않는다는 뜻이며, 이 성질을 비가환성이라고 한다. 따라서 일반적으로 두 사원수 α, β에 대해 $\alpha\beta \neq \beta\alpha$이다. 이것은 실수나 복소수와는 다른 성질이다. 한편,

$$\alpha = a + bi + cj + dk = (a+bi) + (cj+dk)$$

$$= (a+bi)+(cj+dij) = (a+bi)+(c+di)j$$

와 같이 쓸 수 있으므로 i를 허수단위로 보면 $(a+bi)$나 $(c+di)$는 복소수다. 즉 $v = a+bi$, $w = c+di$로 두고 다음과 같이 쓸 수 있다.

$$\alpha = v + wj$$

따라서 사원수 α는 임의의 복소수 v와 w를 써서

$$\alpha = v + wj, \; j^2 = -1$$

가 되는 수라고 생각해도 좋다. 사실 사칙연산을 자유롭게 할 수 있고, 가환성도 성립하는 수의 체계에서 가장 큰 개념은 복소수다. 이 사실은 19세기에 독일의 한켈이 증명했다. 따라서 실수나 복소수를 포함하는 수 체계를 만들려고 해도 결국 이 사원수처럼 반드시 비가환이 되는 것이다.

이 사원수는 22세에 천문학 교수가 된 아일랜드의 해밀턴이 처음으로 발견했다. 사원수는 수란 모두 가환성이 성립하는 것이 당연하다고 여기던 생각에서 반드시 그럴 필요는 없다는 새로운 길을 개척했다. 벡터와 스칼라라는 용어를 처음으로 쓴 사람도 해밀턴이며 오늘날 벡터 해석의 기초를 만들었다.

$\partial / \partial x$

이제 편미분은 무섭지 않아

$\partial/\partial x$, $\partial/\partial y$는 편미분 기호다. 일변수의 실수 함수 $f(x)$에 대해 함수 f의 x에 관한 미분을 df/dx라고 쓴다. $f(x)=x^2$일 때는 $df/dx=2x$이다. x의 변화량 Δx에 대한 함수 $f(x)$의 변화량 $\Delta f=f(x+\Delta x)-f(x)$의 평균 변화율은 $\Delta f/\Delta x$이다. 미분 df/dx는 Δx가 0에 한없이 가까워질 때의 변화율 $\Delta f/\Delta x$의 극한값을 말한다. 따라서 아주 작은 변화 Δx에 대해서 df/dx는 그 값이 $\Delta f/\Delta x$에 가깝다고 생각해도 좋다. 실제로 $f(x)=x^2$에 대해 Δf를 계산하면 다음과 같다.

$$\Delta f = f(x+\Delta x)-f(x)$$
$$= (x+\Delta x)^2-x^2$$
$$= x^2+2x\Delta x+\Delta x^2-x^2$$
$$= 2x\Delta x+\Delta x^2$$

그러나 아주 작은 변화량 Δx에 대해서 Δx^2는 무시할 수 있을 만큼 작기 때문에 결국 $\Delta f \fallingdotseq 2x\Delta x$가 된다. 이 사실에서 $df/dx=2x$를 $df=2xdx$라고 써도 좋다. 즉 $df/dx=2x$는 분수처럼 생각해도 되는 것이다.

$$df=2xdx=\frac{df}{dx}dx$$

이때 기호 df를 전미분이라고 한다.(그냥 미분이라고 해도 좋다.) 전미분은 x의 미소한(아주 작은) 변화량 dx에 대한 f의 변화량인 df의 비율을 말한다.

그러면 이변수 함수 $f(x, y)=x^2+y^2$의 경우를 생각해 보자. 이 함수에는 x와 y라는 두 변수가 있다. x와 y는 서로 독립이므로 $f(x, y)=x^2+y^2$에서 y는 어느 정해진 값이라고 생각하고 x로 미분하면 $2x$가 된다. 마찬가지로 x를 어느 정해진 값이라고 생각하고 y로 미분하면 $2y$가 된다. 이런 식으로 변수 x 또는 y 중 하나만 변수라고 생각하고 미분한 것을 편미분이라고 하며 $\frac{\partial f}{\partial x}$, $\frac{\partial f}{\partial y}$나 f_x, f_y로 표기한다. 즉,

$$\lim_{\Delta x \to 0}\frac{f(x+\Delta x, y)-f(x, y)}{\Delta x}=\frac{\partial f}{\partial x}$$

이 식을 x 방향의 미분 또는 x에 관한 편미분이라고 하고,

$$\lim_{\Delta y \to 0} \frac{f(x, y+\Delta y)-f(x, y)}{\Delta y} = \frac{\partial f}{\partial y}$$

이 식은 y 방향의 미분, 또는 y에 관한 편미분이라고 한다.

$f(x, y)=xy$일 때는 $\partial f/\partial x=y$, $\partial f/\partial y=x$이다. 당연한 말이지만, 여기서 x와 y가 같이 변화했을 때 함수 f의 변화 비율을 생각하는 것도 필요해진다. 이때 전미분 df가 다시 등장하는 것이다.

전미분 df란 x와 y가 동시에 변화할 때 f의 변화 모습이므로 Δf를 알아보면 된다. 즉 x의 변화 Δx와 y의 변화 Δy에 대해 $\Delta f=f(x+\Delta x, y+\Delta y) -f(x, y)$가 어떤 식으로 될지를 알아보면 되는 것이다. $f(x, y)=xy$일 때는,

$$\Delta f=f(x+\Delta x, y+\Delta y)-f(x, y)$$
$$= (x+\Delta x)(y+\Delta y)-xy$$
$$=y\Delta x+x\Delta y+\Delta x\Delta y$$

변화량 Δx와 변화량 Δy가 아주 작으면 $\Delta x\Delta y$는 무시할 수 있을 정도로 작으므로 다음과 같이 쓸 수 있다.

$$\Delta f \fallingdotseq y\Delta x+x\Delta y$$
$$= \frac{\partial f}{\partial x}\Delta x + \frac{\partial f}{\partial y}\Delta y \quad \left(\frac{\partial f}{\partial x}=y, \frac{\partial f}{\partial y}=x \text{이므로} \right)$$

이는 다음과 같이 쓸 수 있다는 것을 의미한다.

$$df = \frac{\partial f}{\partial x}\,dx + \frac{\partial f}{\partial y}\,dy$$

$f(x, y) = x^2 + y^2$일 때도 마찬가지다.

Δf를 계산해 보면 다음과 같으므로,

$$\Delta f = 2x\Delta x + 2y\Delta y + \Delta x^2 + \Delta y^2$$

x와 y의 변화가 작다면 아래처럼 된다.

$$\begin{aligned}\Delta f &\fallingdotseq 2x\Delta x + 2y\Delta y \\ &= \frac{\partial f}{\partial x}\Delta x + \frac{\partial f}{\partial y}\Delta y\end{aligned} \quad \left(\frac{\partial f}{\partial x} = 2x,\ \frac{\partial f}{\partial y} = 2y \text{이므로} \right)$$

따라서 역시 $df = (\partial f / \partial x)dx + (\partial f / \partial y)dy$가 된다.

실제로 이변수인 변수 x와 y의 작은 변화에 대한 f의 변화 df가 다음과 같을 때 df를 f의 전미분이라고 한다.

$$df = \frac{\partial f}{\partial x}\,dx + \frac{\partial f}{\partial y}\,dy$$

이것을 일변수와 같은 분수 표현($\frac{df}{dx}$)으로 할 수 없는 것은 아니지만, 변수 (x, y)는 평면 위에 있기 때문에 방향을 고려할 필요가 있다.

이변수 함수 $f(x, y)$의 미분도 x와 y의 변화량에 대한 f의 변화량의 비의 극한이기 때문에 x가 $x+\Delta x$에 변화하고 y가 $y+\Delta y$에 변화했을 때 f의 변화량 Δf는 다음과 같다.

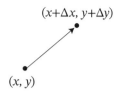

$$\Delta f = f(x+\Delta x, y+\Delta y) - f(x, y)$$

Δx와 Δy의 변화량

이제 (x, y)에서 $(x+\Delta x, y+\Delta y)$까지 변화의 양(간격)은 (x, y)에서 $(x+\Delta x, y+\Delta y)$까지의 길이를 보면 된다.

$$\sqrt{(x+\Delta x-x)^2+(y+\Delta y-y)^2} = \sqrt{(\Delta x)^2+(\Delta y)^2}$$

따라서 그 변화율은 $\Delta f / \sqrt{(\Delta x)^2+(\Delta y)^2}$가 된다. $\sqrt{(\Delta x)^2+(\Delta y)^2}$를 Δs로 쓰게 되면,

$$\frac{\Delta f}{\sqrt{(\Delta x)^2+(\Delta y)^2}} = \frac{\Delta f}{\Delta s}$$

위와 같이 되고, Δx와 Δy가 0에 한없이 가까워지면 Δs도 0에 한없이 가까워진다. 따라서 극한 $\lim_{\Delta s \to 0} \Delta f / \Delta s$가 확정되면 이것을 분수처럼 df / ds로 표현해도 좋다. 단, 여기에는 다음과 같은 주석이 필요하다.

(x, y)부터 $(x+\Delta x, y+\Delta y)$까지를 벡터로 나타내면 $(\Delta x, \Delta y)$이다. 따라서 지금 설명한 것은 이 벡터 방향의 미분(편미분)이라고도 불린

다. 이 벡터의 x축과 이루는 각을 θ라고 하면, θ 방향의 미분이라고 해도 좋다. 따라서 이변수의 경우는 방향에 따라 미분이 변화한다.

$\theta=0$일 때는 $\dfrac{\mathrm{d}f}{\mathrm{d}s} = \dfrac{\partial f}{\partial x}$

$\theta=\pi/2$일 때는 $\dfrac{\mathrm{d}f}{\mathrm{d}s} = \dfrac{\partial f}{\partial y}$ 이다.

$f(x,y)=xy$일 때는

$\Delta x=\Delta s(\cos\theta),\ \Delta y=\Delta s(\sin\theta)$

이므로

벡터 방향의 미분(편미분)

$\Delta f=f(x+\Delta x, y+\Delta y)-f(x,y)$

$\quad =y\Delta x+x\Delta y+\Delta x\Delta y$

$\quad =y\Delta s(\cos\theta)+x\Delta s(\sin\theta)+\Delta s^2(\cos\theta)(\sin\theta)$

이다. 따라서

$$\frac{\Delta f}{\Delta s}=y(\cos\theta)+x(\sin\theta)+\Delta s(\cos\theta)(\sin\theta)$$

Δs를 한없이 작게 하면 그 극한은 다음과 같다.

$$\frac{\mathrm{d}f}{\mathrm{d}s}=y(\cos\theta)+x(\sin\theta)$$
$$=\frac{\partial f}{\partial x}\cos\theta+\frac{\partial f}{\partial y}\sin\theta$$

이것을 $f(x, y)$의 θ 방향 미분(편미분)이라고 한다.

$$\mathrm{d}f = \frac{\partial f}{\partial x}\,\mathrm{d}x + \frac{\partial f}{\partial y}\,\mathrm{d}y$$

전미분의 표현인 위 식이 뛰어난 이유는 다음과 같은 경우가 종종 발생하기 때문이다. 예를 들어 어느 평면 위의 점 P가 시간 t를 따라 움직인다고 하자. 그때의 좌표를 $(x(t), y(t))$라고 한다. 이 점 P에 관계되는 현상을 함수 $f(x(t), y(t))$로 나타낸다고 하고, 그 현상의 시간 변화 t에 관한 속도를 알아보고 싶다면 f를 t로 미분하게 된다. 그러면 마치 전미분을 나타내는 식의 양변에 $\dfrac{1}{\mathrm{d}t}$을 곱한 것과 같은 형태가 된다.

$$\frac{\mathrm{d}f}{\mathrm{d}t} = \frac{\partial f}{\partial x}\,\frac{\mathrm{d}x}{\mathrm{d}t} + \frac{\partial f}{\partial y}\,\frac{\mathrm{d}y}{\mathrm{d}t}$$

지금까지 설명한 전미분이나 편미분에 관한 것은 변수가 늘어도 그 뜻을 생각해 보면 변수가 하나인 경우와 같은 의미가 된다는 사실을 알려준다. 수학에서는 공식을 암기하는 것이 아니라 공식의 뜻을 이해하는 것이 중요하다. 그러면 불필요한 암기는 사라지고 공식을 자유롭게 쓸 수 있게 된다.

∂(f, g) / ∂(x, y)

다변수 적분의 비결

$\dfrac{\partial(f, g)}{\partial(x, y)}$는 야코비안이라고 불리는 기호다. 예를 들어 이변수 (x, y)의 실숫값 함수 $f(x, y) = x^2 + y^2$, $g(x, y) = xy$를 생각해 보자.

$$\partial f / \partial x = 2x, \ \partial f / \partial y = 2y$$

$$\partial g / \partial x = y, \ \partial g / \partial y = x$$

각각 x 및 y에 관한 위의 편미분으로 이루어진 다음과 같은 행렬을 야코비 행렬이라고 한다.

$$\begin{pmatrix} \partial f / \partial x & \partial f / \partial y \\ \partial g / \partial x & \partial g / \partial y \end{pmatrix} = \begin{pmatrix} 2x & 2y \\ y & x \end{pmatrix}$$

이 행렬은 $J\begin{pmatrix} f & g \\ x & y \end{pmatrix}$로도 표기할 수 있다.

야코비 행렬보다는 그 행렬식이 중요한 의미를 갖기 때문에 행렬식을 따로 야코비안이라고 부르며,

$$\frac{\partial(f,g)}{\partial(x,y)}, \frac{D(f,g)}{D(x,y)}, J(f,g)$$

또는 단순하게 J 등으로 표기한다. 정리하면 다음과 같다.

$$\frac{\partial(f,g)}{\partial(x,y)} = \begin{vmatrix} \partial f/\partial x & \partial f/\partial y \\ \partial g/\partial x & \partial g/\partial y \end{vmatrix}$$

야코비안은 함수 행렬식이라고도 불리며 1815년에 프랑스의 코시가 이미 생각해 냈다. 그런데도 코시 이후에 활동한 19세기 독일 수학자 야코비의 이름을 딴 이유는 야코비가 이런 함수 행렬식에 관한 일반적인 응용을 생각했기 때문이다. 그가 이들 행렬식을 생각한 것은 1829년인데, 그 후 1841년에 '함수 행렬에 대해'라는 장편의 논문으로 함수 사이의 관계를 야코비안과 관련 지어 연구했다.

또한 행렬식의 기호 | |는 라이프니츠가 만들었다. 행렬식(determinant)이라는 명칭은 가우스가 다른 의미로 썼던 것을 코시가 지금과 같은 의미로 사용했다고 한다.

야코비안은 대학에서 배우는 수학의 기초 부분에서 적분을 배울 때 나온다. 일변수 함수 $y = f(x) = \sqrt{x}$를 예로 들어 이 함수의 적분 $\int \sqrt{x} \, dx$를 생각해 보자. 여기서는 일반적인 방법이 아닌 치환 적분이

라는 방법으로 생각해 보겠다. $\sqrt{x}$를 새로운 변수 t로 치환하면 $t = \sqrt{x}$가 된다.(변수 변환이라고도 한다.) $x = t^2$이므로 dx/dt를 생각하면 $dx/dt = 2t$, 즉 $dx = 2tdt$이다. 따라서 다음과 같이 쓸 수 있다.(C는 임의의 상수)

$$
\begin{aligned}
\int \sqrt{x}\,dx &= \int t(2t)dt \\
&= \int 2t^2 dt \\
&= \frac{2}{3}t^3 + C \\
&= \frac{2}{3}(\sqrt{x})^3 + C
\end{aligned}
$$

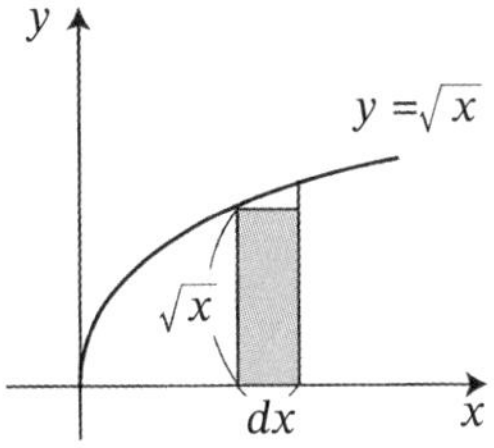

$y = \sqrt{x}$의 적분

여기서 $dx = 2tdt$가 의미하는 바가 중요하다.

적분은 위의 그림처럼 $\sqrt{x}$와 미분소(微分素)인 dx의 곱(미소넓이. infinitesimal area)을 모두 합한 것이다. 변수 변환을 하면 $\sqrt{x}$는 t가 되지만, dx를 구하기 위해 dx를 dt로 환산하는 것이 중요해진다. 그 환산식이 $dx = 2tdt$이다. 즉, 미소 단위 길이 dx는 미소 단위 길이 dt의 $2t$배인 것이다.

이처럼 변수를 변환할 때는 적분을 하는 미분소끼리 변환할 필요가 생기는데 이 경우에는 $dx/dt(=2t)$가 된다는 것이다.

그런데 이변수 함수 $f(x, y)$를 적분할 때는 적분을 해야 할 영역을 D라 할 때 다음과 같은 형태로 나타낸다.

$$
\iint_D f(x, y)\,dx\,dy
$$

이제 (x, y)를 (u, v)로 변수 변환했다고 하자. 그 변환식이 예를 들어 ϕ, ψ였다.

$$x = \phi(u, v), y = \psi(u, v)$$

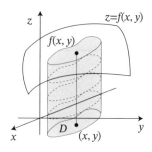

$\iint_D f(x, y) \mathrm{d}x \mathrm{d}y$는 그림의 부피

이때 미소 단위는 길이가 아니라 면적이며, 적분은 $f(x, y)$와 미소 면적 $\mathrm{d}x\mathrm{d}y$의 곱을 끌어모은 것이므로 $\mathrm{d}u\mathrm{d}v$로 변환할 필요성이 생긴다. 그 변환식은 다음과 같이 야코비안의 절댓값이 된다.

$$\partial(x, y) / \partial(u, v) = \begin{vmatrix} \partial\phi/\partial u & \partial\phi/\partial v \\ \partial\psi/\partial u & \partial\psi/\partial v \end{vmatrix}$$

여기서 다음과 같은 적분을 생각해 보자. xy 평면 위에서

$$(x + 3y)^2 + (2x + y)^2 \leq 9$$

이렇게 나타낸 영역을 D라고 했을 때, D를 밑변으로 하는 적분을 구한다고 생각해 보자.

$$\iint_D \mathrm{d}x\mathrm{d}y$$

$f(x, y)=1$이므로 이 적분은 결국 D의 넓이를 구하라는 의미가 된다. 즉 가로가 dx이고 세로는 dy인 직사각형의 넓이 $dxdy$를 D 위에서 모두 더하게 된다. 그러나 이대로는 계산하기 어려우므로 다음과 같이 변수 변환을 한다.

$$u=x+3y, v=2x+y$$

그러면 x, y는 새로운 변수를 이용해서 다음과 같이 쓸 수 있다.

$$x=-1/5(u-2v)=\phi(u, v)$$
$$y=1/5(3u-v)=\psi(u, v)$$

여기서는 변환하기 전의 넓이 요소인 $dxdy$와 새로운 넓이 요소인 $dudv$ 사이의 변환이 문제가 된다. $x=-1/5(u-2v)$, $y=1/5(3u-v)$의 경우는 이들 식의 x, y, u, v를 미소 단위 dx, dy, du, dv로 바꿔도 상관없다. 따라서 다음과 같이 쓸 수 있다.

$$dx=-1/5(du-2dv), \quad dy=1/5(3du-dv)$$
$$=-1/5du+2/5dv \qquad =3/5du-1/5dv$$

여기서 uv 평면의 넓이 요소 du, dv를 단위 벡터 $(1, 0)$, $(0, 1)$로 가정하면, $dx=-1/5(du-2dv)$, $dy=1/5(3du-dv)$에서 dx, dy는 각

각 $(-1/5, 2/5)$, $(3/5, -1/5)$
가 되는 벡터로 생각할 수 있다.

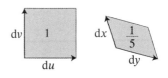

이때 du, dv로 생기는 면적 1
을 dx, dy로 생기는 면적으로 환
산하면 이 벡터로 만들어지는 평

벡터로 만들어지는 평행사변형

행사변형의 넓이가 되므로 다음 행렬식의 절댓값과 같다.

$$\begin{vmatrix} -1/5 & 2/5 \\ 3/5 & -1/5 \end{vmatrix}$$

이 식의 절댓값은 $1/5$이다. 이렇게 해서

$$\iint_D dxdy = \iint_{D'} \left(\begin{vmatrix} -1/5 & 2/5 \\ 3/5 & -1/5 \end{vmatrix} \text{의 절댓값} \right) dudv$$
$$= \iint_{D'} 1/5 \, dudv = 1/5 \iint_{D'} dudv$$

D'는 $u^2+v^2 \leq 9$이므로 반지름이 3인 원이며 그 넓이는 9π이기 때
문에 $\iint_{D'} dudv = 9\pi$가 된다. 따라서 $\iint_D dxdy = 1/5 \times 9\pi = \dfrac{9}{5}\pi$가 되어
이 적분이 구해졌다.

이 넓이의 환산에서 나온 식은 다음과 같은 야코비안이 된다는 사
실을 알 수 있다.

$$\partial\phi / \partial u = -1/5, \partial\phi / \partial v = 2/5,$$

$$\partial\psi/\partial u = 3/5, \partial\psi/\partial v = -1/5$$

$$\begin{vmatrix} \partial\phi/\partial u & \partial\phi/\partial v \\ \partial\psi/\partial u & \partial\psi/\partial v \end{vmatrix} = \begin{vmatrix} -1/5 & 2/5 \\ 3/5 & -1/5 \end{vmatrix}$$

야코비안은 이처럼 적분을 할 때의 변수 변환에 대응하는 면적소의 크기를 비교하고 보정하기 위해 사용된다.

일반적으로 $x=\phi(u,v), y=\psi(u,v)$로 변수 변환을 할 때, 이 변수 변환이 xy 평면의 영역 D와 uv 평면의 영역 D' 사이의 일대일 대응이라면 다음 식이 성립한다.

$$\iint_D f(x,y)\mathrm{d}x\mathrm{d}y = \iint_{D'} f(\phi(u,v),\psi(u,v))|J|\,\mathrm{d}u\mathrm{d}v$$

단, $|J|$는 야코비안의 절댓값이며 이 $|J|$가 크기 보정이다. 특히 극좌표 $x=r\cos\theta, y=r\sin\theta$일 때는 $|J|=r$이다.

그 밖에도 야코비안은 함수와 함수 사이의 함수 관계를 알아보거나 음함수 정리의 조건으로도 이용된다.

$$\int_c$$

선적분은 어떤 적분일까

적분의 정의는 어떤 경우에도 기본적으로 같지만, 종류는 여러 가지가 있어서 그 뜻을 생각하지 않으면 적분을 계산할 수 없다. 물론 그 차이는 적분 기호 아래에 적혀 있는 범위나 변수 등에 나타나 있다. 이 차이를 생각해 적분을 계산할 방법을 찾아야 한다.

여기에 나온 기호를 선적분이라고 부른다. 그 전에 고등학교에 나오는 적분을 복습해 보자. $y=f(x)=x^2$를 변수 x에 관해 $0 \leq x \leq 1$에서 적분한다는 것을 이렇게 표기한다.

$$\int_0^1 f(x)\mathrm{d}x$$

[0, 1] 구간을 $x_0=0, x_1, x_2, \cdots, x_n=1$로 대충 n분할해서(등분해도 좋다.) 이 구간 $\Delta x_i = [x_{i-1}, x_i]$와 $f(x_i)$의 곱(＝직사각형의 넓이)을 만든다.

n개의 합 $S_n = \sum\limits_{i=1}^{n} f(x_i) \Delta x_i$를 생각한 뒤 구간 Δx_i를 점점 작게 했을 때, 바꿔 말하면 이 분할의 개수 n을 한없이 크게 했을 때의 수열 $\{S_n\}$의 극한값이 적분이다. 그리고 그 극한값을 $\int f(x)\mathrm{d}x$로 표기한다.

$$\int_0^1 f(x)\mathrm{d}x = \lim_{n \to \infty} S_n$$

이 식은 $0 \leq x \leq 1$ 범위에서 곡선 $y=x^2$와 x축 사이의 넓이를 구하라는 것이다. 물론 적분을 이 정의에서 직접 계산하는 일은 결코 만만한 과정이 아니다. 정의는 어디까지나 정의이고, 실제 계산은 다른 방법으로 해야 하는 경우가 매우 많다. 등산 강습만 듣다가 막상 산을 오를 때 느낌이 다른 것과 똑같다. 어떤 함수 $f(x)$를 a부터 x까지 적분하면 다른 함수 $F(x)$가 있어서 다음이 성립한다.

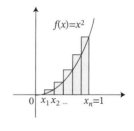

적분과 넓이

$$\int_a^x f(x)\mathrm{d}x = F(x) - F(a)$$

이것을 뉴턴-라이프니츠 공식이라고 한다. 간단히 말하면, 뉴턴은 다음과 같이 도형의 넓이를 고찰하다가 "함수 F를 미분하면 함수 f가 된다."라며 적분과 미분이 서로 역연산 관계에 놓여 있다는 사실을 파악했다고 한다.

x가 아주 조금 증가한 증가분을 Δx로 쓰기로 하겠다.(참고로 증가분에 Δ라는 기호를 처음 쓴 사람은 오일러로 알려져 있다.) 아래 그림처럼 $x=0$부터 x까지의 넓이를 $F(x)$라 하면, Δx 증가한 $x+\Delta x$까지의 넓이는 $F(x+\Delta x)$이므로 그 증가분은 $F(x+\Delta x)-F(x)$이다. Δx가 아주 작은 값인 경우, 증가분 $F(x+\Delta x)-F(x)$는 그림으로 보면 거의 $f(x)\Delta x$와 같다. 즉 다음과 같다.

$$F(x+\Delta x)-F(x) \fallingdotseq f(x)\Delta x$$

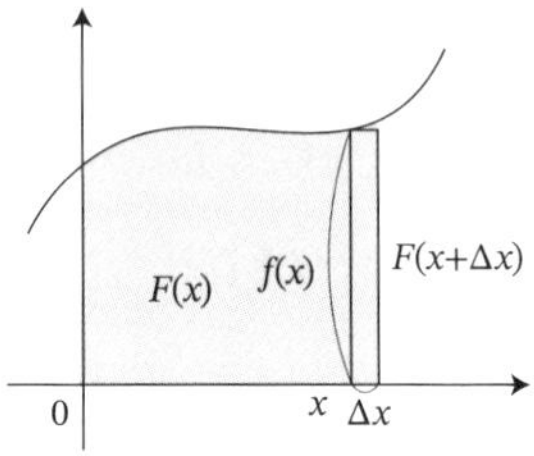

따라서

넓이의 증가분

$$\frac{F(x+\Delta x)-F(x)}{\Delta x} \fallingdotseq f(x)$$

이므로 $\Delta x \to 0$이라고 하면 좌변은 $\mathrm{d}F/\mathrm{d}x$가 된다. 따라서 다음과 같이 정리할 수 있다.

$$\frac{\mathrm{d}F}{\mathrm{d}x} = f(x)$$

$F(x)$를 $f(x)$의 원시 함수라고 부른다. 참고로 원시 함수라는 말은 프랑스의 수학자 르장드르가 만들었다. C를 상수로 하면 $G(x)=F(x)+C$로 해도 $\mathrm{d}G/\mathrm{d}x=\mathrm{d}F/\mathrm{d}x=f(x)$가 되기 때문에 원시 함수는 상수만 다른 경우가 있다는 것이다. 그러나 실제로 $x=0$부터 $x=1$까지의 정적

분을 구할 경우에는,

$$G(1)-G(0)=(F(1)+C)-(F(0)+C)$$
$$=F(1)-F(0)$$

이 되므로 두 함수의 구하는 정적분 값이 같아져서 문제가 되지 않는다. 어떤 함수를 적분한다는 것은 원시 함수를 구한다는 뜻이다. 따라서 $y=x^2$의 경우는 $f(x)=x^2$의 원시 함수를 구하면 된다. 미분해서 x^2이 되는 함수를 찾으면 되니 원시 함수 중 하나는 $F(x)=(1/3)x^3$이라는 것이다.

$$\int_a^x f(x)\mathrm{d}x=\frac{1}{3}x^3-\frac{1}{3}a^3$$

수학을 다양한 분야에 응용하게 되면서 적분을 활용해야 하는 경우가 점점 늘어났다. 예를 들어 물리학에서는 힘이나 운동, 일을 비롯한 여러 가지 개념을 수학적으로 해석할 때 적분의 힘을 필요로 한다.

물의 흐름이나 가열하는 물체의 밀도, 열, 온도는 그 입자의 위치(좌표)나 시간의 실숫값 함수로 표현된다. 이를 스칼라장이라고 한다. 예를 들어 열을 내는 판(열판) 위의 점 P의 좌표를 (x, y)라고 하면 그 점 P의 온도는 함수 $f(x, y)$로 나타낸다. 마찬가지로 유체의 점 P의 좌표가 (x, y, z)라고 하면 그 점의 밀도는 함수 $g(x, y, z)$로 나타낸다.

이때 $f(x, y)$나 $g(x, y, z)$를 어느 곡선이나 곡면을 따라 적분할 필요성이 생긴다. 이때 곡선을 따라 적분하는 것을 선적분이라고 한다. 선적분의 깊은 의미는 모르더라도, 정의 자체는 지금까지 해 왔던 적분과 거의 같다.

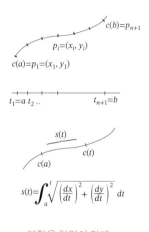

분할을 한없이 작게

평면 위의 곡선이란 매개변수 t를 따라 움직이는 점$P(x(t), y(t))$의 자취다. 매개변수 t가 움직이는 구간을 $[a, b]$라고 하면, 곡선의 식은 $c(t) = (x(t), y(t))(a \leq t \leq b)$가 된다.

여기서 평면 위의 함수 $f(x, y)$를 생각해 보자. 이때 평면 위의 곡선을 나타내는 함수 $f(x, y)$의 적분은 다음과 같이 정의된다.

곡선 $c(t) = (x(t), y(t))$의 매개변수 t의 구간 $[a, b]$를 n개로 세분해서 $t_1 = a, t_2, \cdots, t_{n+1} = b$로 하고, $c(a) = p_1, c(t_2) = p_2, \cdots, c(b) = p_{n+1}$로 하자.

여기서 점 p_i의 좌표를 (x_i, y_i)로 하고, $f(x_i, y_i)$와 $\Delta t_i = t_{i+1} - t_i$의 곱 $f(x_i, y_i) \bullet \Delta t_i$를 구하여 그 총합을 $T_n = \sum_{i=1}^{n} f(x_i, y_i) \bullet \Delta t_i$로 한다. 이 분할을 한없이 작게 했을 때($n$분할에서 n을 한없이 크게 했을 때)의 수열 T_n의 극한을 이 곡선을 따라가는 $f(x, y)$의 선적분이라고 부르고,

$$\int_C f(x, y) \mathrm{d}t$$

와 같이 표기한다.(물론 이 식은 T_n의 극한이 존재한다는 가정 아래 사용할 수 있다.)

$$\int_C f(x,y)\mathrm{d}t = \int_a^b f(x,y)\mathrm{d}t = \lim_{n\to\infty}\sum_{i=1}^n f(x_i,y_i)\bullet\Delta t_i \qquad (1)$$

여기서는 설명을 간단히 하기 위해 곡선을 매끄러운 것으로 두자. 매끄러운 곡선을 잘게 분할하면 마치 직선처럼 보이므로 잘린 직선 각각의 길이를 모두 더하면 된다. 물론 곡선을 나타내는 매개변수 t에 특별한 제한은 없으므로 곡선의 길이를 $c(a)$부터 시작하는 것으로 보아도 좋다. $c(a)$부터 $c(t)$까지의 길이를 s라고 하면, s는 t의 함수다.

이때 $c(a)$부터 $p_{i+1}=c(t_{i+1})$까지의 길이를 $s(t_{i+1})$, $p_i=c(t_i)$까지의 길이를 $s(t_i)$, $\Delta s_i=s(t_{i+1})-s(t_i)$라고 하면 이번에는 곡선 그 자체를 n분할한 셈이다. 이때,

$$S_n = \sum_{i=1}^n f(x_i,y_i)\bullet\Delta s_i$$

라 하고 n을 무한히 크게 했을 때의 극한을 생각할 수 있다. 이것을 다음과 같이 표기한다.

$$\int_C f(x,y)\mathrm{d}s = \lim_{n\to\infty}\sum_{i=1}^n f(x_i,y_i)\bullet\Delta s_i$$

또한 $t_1=a$, t_2, t_3, $\cdots$, $t_{n+1}=b$에 대응하는 x좌표를 $x(t_i)=x_i$라 하면 $\Delta x_i=x(t_{i+1})-x(t_i)$에 대해 다음과 같은 식이 성립한다.

$$\int_C f(x, y)\mathrm{d}x=\lim_{n\to\infty}\sum_{i=1}^{n} f(x_i, y_i)\bullet\Delta x_i$$

이들은 모두 곡선을 따라가는 적분이다. 증가분 Δ를 취하는 법만 다른데, 어떤 방법을 생각해도 좋다. 따라서 상호 간의 환산 방법이 중요해진다.

s든 x든 원래부터 매개변수 t의 함수 $s=s(t)$, $x=x(t)$이다. $s=s(t)$에 대해서 미분은 각각의 증가분 Δt와 Δs의 비율 $\Delta s/\Delta t$의 Δt를 0에 가까워지게 했을 때의 극한이므로 충분히 작은 증가분 Δt에 대해서는 $\mathrm{d}s/\mathrm{d}t\fallingdotseq\Delta s/\Delta t$이다. 따라서 $\Delta s\fallingdotseq(\mathrm{d}s/\mathrm{d}t)\Delta t$이므로

$$\begin{aligned}
\Delta s_i&=s(t_{i+1})-s(t_i)\\
&\fallingdotseq(\mathrm{d}s/\mathrm{d}t)(t_{i+1}-t_i)\\
&=(\mathrm{d}s/\mathrm{d}t)\Delta t_i
\end{aligned}$$

가 되어

$$\begin{aligned}
\int f(x, y)\mathrm{d}s&=\lim_{n\to\infty}\sum_{i=1}^{n} f(x_i, y_i)\bullet\Delta s_i\\
&=\lim_{n\to\infty}\sum_{i=1}^{n} f(x_i, y_i)\bullet(\mathrm{d}s/\mathrm{d}t)\Delta t_i\\
&=\int f(x, y)(\mathrm{d}s/\mathrm{d}t)\mathrm{d}t \qquad (2)
\end{aligned}$$

이다. 같은 방법을 사용하면,

$$\int f(x, y)\mathrm{d}x = \int f(x, y)(\mathrm{d}x/\mathrm{d}t)\mathrm{d}t \qquad (3)$$

이처럼 곡선의 길이 s 또는 x좌표를 이용한 적분 (2) (3)은 (1)과 동일한 의미다. 선적분은 곡선 C의 방향과 관계가 있다는 점을 주의해야 한다. 이 사실에서 일반적인 적분과 마찬가지로 $c(a)$에서 $c(b)$로 적분하는 경우와 그 반대의 경우에는 적분의 부호가 바뀐다는 사실을 알 수 있다.

$$\int_{b}^{a} f(x, y)\mathrm{d}t = -\int_{a}^{b} f(x, y)\mathrm{d}t$$

또한 평면 위의 두 점 P와 Q를 잇는 곡선의 경로에 의존한다는 점이 일반 적분과 다르다. 정적분에서는,

$$\int_{a}^{b} f(x)\mathrm{d}x = F(b) - F(a)$$

의 우변을 통해 알 수 있듯이 원시 함수 F의 시점 a와 종점 b의 값에만 의존하지만, 선적분에서는 끝점이 같더라도 경로에 따라 적분값이 달라진다.

실제로 $P(0, 0)$과 $Q(1, 1)$을 연결하는 서로 다른 두 곡선

$B:b(t)=(t,\ t)(0\leq t\leq1)$과 $C:c(t)=(t,\ t^2)(0\leq t\leq1)$을 따라 $f(x, y)=xy$를 적분해 보면 다음과 같다.

$$\int_B f(x,y)\mathrm{d}t=\int_0^1 t^2\mathrm{d}t=\frac{1}{3}$$

$$\int_C f(x,y)\mathrm{d}t=\int_0^1 t^3\mathrm{d}t=\frac{1}{4}$$

또한 경로가 닫힌곡선일 때는 $\oint$라는 기호를 써서 아래와 같이 표기할 때가 있다.

$$\oint_C f(x,y)\mathrm{d}t$$

닫힌곡선

단, 닫힌곡선에서는 그 곡선을 따라 회전할 때 그 곡선으로 둘러싸인 영역이 왼쪽에 놓이는 곡선의 방향을 양의 방향으로 한다. 이 정의에 따라 평면에서는 시계 반대 방향으로 회전하면 양의 방향이 된다.

272

$$\iint$$

이중 적분이란

앞 장에서 선적분에 대해 설명했다. 선적분은 곡선을 따르는 적분이었다. $\iint_D$ 는 평면 위에서 D라는 영역 위의 적분을 나타내는 기호다. 이 적분은 이중 적분이라고 불린다.

영역 D는 평면 위의 원이나 타원 등과 같은 매끄러운 곡선에 둘러싸여 있으며, $z=f(x, y)$는 이 영역에서 정의된 연속함수라고 하자. 이 영역을 x축과 y축에 평행한 선으로 잘라서 직사각형 조각을 만든다. 그러면 D 위에 그물을 씌운 모습이 된다. 그다음 이 D와 겹친 직사각형 부분에 적당히 번호를 붙인다. 그리고 그물이 쳐진 직사각형이 n개 있다고 하자. 그중 i번째 직사각형을 A_i라고 하고, 넓이를 ΔA_i라고 한다. A_i 위의 점이자 D의 점

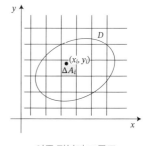

이중 적분과 그물코

이기도 한 것 중 적당한 하나를 골라서 (x_i, y_i)라 하고, 그 점에서 함숫 값 $f(x_i, y_i)$와 ΔA_i의 곱을 생각한다. 이와 같은 과정을 n번 반복해서 그 값을 모두 더한 것을 S_n이라고 하자.

$$S_n = \sum_{i=1}^{n} f(x_i, y_i) \Delta A_i$$

정적분의 정의처럼 그물코를 아주 작게 만드는 것을 생각한다. 다시 말해 D를 씌우는 조각의 개수 n을 늘리는 것이다. 이때 수열 S_n의 극한값을 함수 $f(x, y)$의 D 위에 있는 이중 적분이라고 부르고,

$$\iint_D f(x, y) \mathrm{d}x\mathrm{d}y$$

라고 표기한다.(물론 S_n 극한값이 존재한다는 가정 아래 성립한다.) 따라서

$$\iint_D f(x, y) \mathrm{d}x\mathrm{d}y = \lim_{n \to \infty} \sum_{i=1}^{n} f(x_i, y_i) \Delta A_i$$

정의에서 바로 알 수 있듯이 $f(x, y) = 1$이라고 하면 $\iint_D \mathrm{d}x\mathrm{d}y$는 D의 넓이를

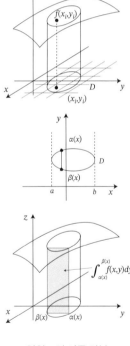

영역 D의 이중 적분

274

계산하면 된다는 뜻이다. 따라서 이 적분은 $z=f(x, y)>0$이라면 D를 밑면으로 하고 $z=f(x, y)$를 윗면으로 하는 도형의 부피를 나타낸다. 나아가 이중 적분에서 평균값의 정리라는 다음 성질이 성립한다.

즉 D의 내부에는 다음 등식을 성립하게 하는 점 (a, b)가 존재한다는 것이다.

$$\iint_D f(x, y)\mathrm{d}x\mathrm{d}y = f(a, b)A(D)$$

단, $A(D)$는 영역 D의 넓이다.

그런데 적분은 정의대로 하면 계산하기가 매우 어렵다고 생각하는 편이 좋다. 따라서 실제로 계산을 할 방법이 따로 필요하다. 이때는 이중 적분의 정의에서 알 수 있듯이 일반적으로 변수가 한 개인 함수의 적분을 반복해서 계산한다. 실제 계산을 할 때 다음과 같이 생각하는 것이다. 이 경우 영역 D를 나타내는 수식이 중요하다.

먼저 영역 D가 매우 단순한 경우를 생각해 보자. y축에 평행한 선을 움직일 때 D의 왼쪽 끝과 오른쪽 끝이 딱 하나씩 있고 각각 $x=a$, $x=b$라고 하자.($a<b$) 또한 그 접점인 D의 위쪽과 아래쪽 경계선을 나타내는 식이 $y=\alpha(x)$, $y=\beta(x)$라고 하자.(274쪽 가운데 그림 참고)

이때의 적분은 x가 $a \leq x \leq b$에서 움직일 때 yz 평면과 평행한 면에 만들어지는 도형의 넓이다.(274쪽 아래 그림 참고)

$$\int_{\beta(x)}^{\alpha(x)} f(x,y)\mathrm{d}y$$

이것을 x축 방향으로 $x=a$부터 $x=b$까지 모으면 되기 때문에 다음과 같이 쓸 수 있다.

$$\iint_D f(x,y)\mathrm{d}x\mathrm{d}y = \int_a^b \left\{ \int_{\beta(x)}^{\alpha(x)} f(x,y)\mathrm{d}y \right\} \mathrm{d}x$$

마찬가지로 x축과 평행하게 선이 움직일 때 D의 아래쪽 끝과 위쪽 끝이 정확히 하나씩만 있고 그 값은 $y=c$, $y=d$ ($c<d$)라고 하자. 이때 영역 D의 경계선을 나타내는 선의 식을 $x=\gamma(y), x=\delta(y)$라고 하면 그 적분은 다음과 같다.

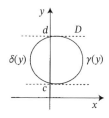

D의 상단과 하단이 딱 하나씩

$$\iint_D f(x,y)\mathrm{d}x\mathrm{d}y$$

$$= \int_c^d \left\{ \int_{\delta(y)}^{\gamma(y)} f(x,y)\mathrm{d}x \right\} \mathrm{d}y$$

이처럼 변수가 한 개인 함수의 적분을 순서대로 사용해서 계산하는 방법을 반복 적분이라고 한다.

$$\iint_D f(x,y)\mathrm{d}x\mathrm{d}y = \int_a^b \left(\int_{\beta(x)}^{\alpha(x)} f(x,y)\mathrm{d}y \right) \mathrm{d}x$$

$$= \int_c^d \left\{ \int_{\delta(y)}^{\gamma(y)} f(x,y)\mathrm{d}x \right\} \mathrm{d}y$$

예를 들어 함수 $f(x,y)=xy$와 영역 $D=\{(x,y)\,|\,x\geq0,y\geq0;\,x^2+y^2\leq1\}$에서의 이중 적분을 구해보자. 영역 D의 경계는 매끄럽진 않지만, 연속된 3개의 곡선(직선 2개 포함)으로 둘러싸여 있다는 사실을 알 수 있다. 이처럼 유한개의 매끄러운 곡선으로 둘러싸인 경우

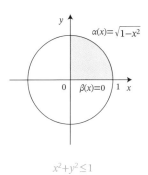

에도 위에서 설명한 적분을 생각할 수 있다. 이제 y축에 평행한 직선을 움직였을 때 영역 D는 $x=0$과 $x=1$ 사이에 둘러싸여 있다는 사실을 알 수 있다. 애초에 이 영역의 왼쪽 끝은 오로지 한 점으로 이루어져 있는 것이 아니지만, 하나의 직선으로 이루어져 있기 때문에 반복 적분을 하더라도 문제가 없다. 이 영역의 위쪽은 다음과 같다.

$$y=\alpha(x)=\sqrt{1-x^2}$$

그리고 아래쪽은 다음과 같다.

$$\beta(x)=0$$

따라서 이렇게 쓸 수 있다.

$$\iint_D f(x,y)\mathrm{d}x\mathrm{d}y = \int_0^1 \Big\{ \int_0^{\sqrt{1-x^2}} xy\mathrm{d}y \Big\} \mathrm{d}x$$

$$= \int_0^1 \Big[\frac{1}{2}xy^2 \Big]_0^{\sqrt{1-x^2}} \mathrm{d}x$$

$$= \int_0^1 \frac{1}{2}x(1-x^2)\mathrm{d}x$$

$$= \frac{1}{2}\int_0^1 (x-x^3)\mathrm{d}x$$

$$= \frac{1}{2}\Big[\frac{1}{2}x^2 - \frac{1}{4}x^4 \Big]_0^1 = \frac{1}{8}$$

그런데 이 이중 적분이 주변 경계에 있는 선적분으로 돌아오는 경우가 있다. 단순하게 돌출된 영역 D를 예로 들겠다. D의 바깥쪽 둘레 곡선을 C라고 하자.

앞에서 설명했듯이 이들이 직사각형으로 잘 둘러싸인다면 직사각형의 각 변과는 한 점에서 닿는 것으로 하고 위쪽 곡선을 $y=\alpha(x)$, 아래쪽 곡선을 $y=\beta(x)$로 하자. 여기서 $f(x,y)=y$가 되는 함수를 x축 위에서 선적분한다.

$$\int_C f(x,y)\mathrm{d}x = \int_a^b y\mathrm{d}x$$

$$= \int_a^b \beta(x)\mathrm{d}x + \int_b^a \alpha(x)\mathrm{d}x$$

$$= \int_a^b \beta(x)\mathrm{d}x - \int_a^b \alpha(x)\mathrm{d}x$$

곡선의 선적분

$\int_a^b \beta(x)\mathrm{d}x$는 $\beta(x)$와 x축으로 둘러싸인 부분의 넓이를 나타내며 $\int_a^b \alpha(x)\mathrm{d}x$는 $\alpha(x)$와 x축으로 둘러싸인 부분의 넓이를 나타내므로 우변은 확실히 $-D$의 값을 나타낸다. 따라서 다음 식을 얻을 수 있다.

$$\int_C f(x,y)\mathrm{d}x = \int_C y\mathrm{d}x = -\iint_D \mathrm{d}x\mathrm{d}y$$

다음으로 $g(x, y)=x$를 y축 위에서 선적분한다. 이번에는 곡선 $x=\delta(y)$와 $x=\gamma(y)$를 생각하니 다음 식이 나왔다.

$$\int_C g(x,y)\mathrm{d}y = \int_c^d x\mathrm{d}y$$

$$= \int_c^d \gamma(y)\mathrm{d}y + \int_d^c \delta(y)\mathrm{d}y$$

$$= \int_c^d \gamma(y)\mathrm{d}y - \int_c^d \delta(y)\mathrm{d}y$$

여기서 우변은 D의 넓이를 나타낸다. 이렇게 해서 다음 식을 얻을 수 있다.

$$\int_C g(x,y) \mathrm{d}y = \int_C x \mathrm{d}y$$

$$= \iint_D \mathrm{d}x\mathrm{d}y$$

이들을 합치면 다음과 같다.

$$\iint_D \mathrm{d}x\mathrm{d}y = \frac{1}{2}\int_C (x\mathrm{d}y - y\mathrm{d}x)$$

이를 응용한 기구가 면적계(planimeter)이다. 면적계는 곡선으로 둘러싸인 도형의 주변에 대고 굴리면 넓이가 자동으로 계산되어 나오는 구조다. 이것은 이중 적분이 선적분으로 변환될 수 있다는 그린의 공식을 활용해 특별한 모양으로 만들어낸 기구다. 그린은 원래 수학자가 아니라 영국의 제빵 장인이었는데, 그의 이름은 세상을 뜨고 나서야 유명해졌다.

grad, ∇

우리나라 경제는 바닥이 없는 늪?

grad는 gradient의 약자로 '경사도'라고 번역된다. 경사도란 기울기를 뜻한다. 이는 함수 f에 대해 정의되는 개념으로 grad가 혼자서 쓰이는 일은 없고 grad f처럼 쓰인다.

예를 들어 $f(x)=x^2$일 때 이것을 미분하면 $df/dx=2x$이다. 따라서 $x=1$에서 미분계수는 $(df/dx)_{x=1}=2$이다. 이것은 함수 $y=f(x)$의 그래프에서 $x=1$일 때 접선의 기울기를 나타낸다. 이 기울기를 경사도라고 부른다. 경사도(기울기)가 함수 f의 변화 상태를 의미한다. 그러나 일변수일 때는 미분계수 그 자체가 접선의 기울기를 나타내기 때문에 굳이 이 경사도를 grad f로 표기하지 않는다.

보통 변수가 한 개인 실숫값 함수 $f:\mathbb{R}\to\mathbb{R}$을 생각할 때, 경사도가 0이 되는 점을 f의 임계점이라 부르며 함수 f를 특징짓는 점이 된다. 이 임계점은 f의 극대점, 극소점, 안장점이라 불리는 점 중 하나다. 그

중 어느 것인가를 결정하려면 이 경사도가 임계점 앞뒤에서 어떤 식으로 변화하는지 알아볼 필요가 있다. $f(x)=x^2$의 경우, 임계점은 도함수의 부호가 바뀌는 점이기 때문에 $x=0$이다.

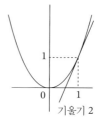

$x=-\dfrac{1}{2}$에서는 $(df/dx)_{x=-1/2}=-1$이므로 그 경사도(기울기)는 음수이며 $x=\dfrac{1}{2}$에서는 $(df/dx)_{x=1/2}=1$이므로 양수다. 따라서 $x<0$에서는 이 곡선의 접선 경사도가 음수이고, x가 0에 가까워질수록 경사도는 완만해지고 $x=0$일 때 수평

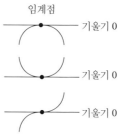

경사도와 임계점

이 된다. $x>0$일 때는 경사도가 양수이고 0에서 점점 멀어질수록 경사도는 급해진다. 따라서 이 임계점 $x=0$은 냄비 바닥 같은 모양이 되는데, 이 점을 극소점(극솟값을 나타내는 점)이라고 한다.

'요즘 경기가 바닥'이라는 말이 있다. 이처럼 실제 생활에서도 바닥인지 아닌지를 판단하며 살아간다. 그런 의미에서 임계점은 중요하다. 만약 반대로 임계점 부근에서 경사도가 양수에서 음수로 변화할 때 이 점은 산꼭대기 같은 모양이 되고 극댓값을 나타내며 이를 극대점이라고 한다. 임계점 전후에서 부호 변화가 없을 때는 이 점을 안장점이라고 한다.

애초에 임계점에서는 미분이 불가능하거나 미분계수가 0이므로 주어진 함수를 연속으로 두 번 미분하여 극대와 극소를 판정할 수도 있다. 임계점에서 두 번의 미분이 양수라면 극소점이고, 음수라면 극대점이다.

$$f'(a)=0, f''(a)>0 \Rightarrow x=a 가 극소점$$

$$f'(a)=0, f''(a)<0 \Rightarrow x=a 가 극대점$$

$$f'(a)=0, f''(a)=0 \Rightarrow ? \text{(모름)}$$

이 사실을 이변수 함수 $z=f(x, y)$에서 생각해 보자. 이 함수 f의 변수 x에 대한 미분은 $\partial f/\partial x=f_x$이고 변수 y에 대한 미분은 $\partial f/\partial y=f_y$이므로 이들의 짝 (f_x, f_y)가 중요해진다.

미분 $\partial f/\partial x=f_x$는 함수 $f(x, y)$에서 y를 상수로 생각하고 x에 대해서만 미분을 한 것으로 x에 관한 편미분이라고 한다. $f(x, y)=x^2+y^2$라면 $\partial f/\partial x=f_x=2x$이다. 마찬가지로 $\partial f/\partial y=f_y=2y$이다. 따라서 $(f_x, f_y)=(2x, 2y)$이다. 이것을 grad f로 나타내고, 점(x, y)에서 f의 경사도 또는 기울기 벡터라고 한다.

grad f 대신 ∇f로 나타낼 때도 있다. ∇는 '나블라'라고 하며 아시리아의 대표 악기인 하프 모양과 비슷해 그렇게 불렸다. ∇는 Δ의 반대이므로 delta를 거꾸로 써서 atled라고 쓴 책도 있었던 듯하지만 지금은 잘 쓰지 않는다. $\nabla = (\partial/\partial x, \partial/\partial y)$를 연산자를 나타내는 형식적 기호라고 생각하고,

$$\nabla f = (\partial f / \partial x, \partial f / \partial y)$$

라 하자.(289쪽 참고)

이렇게 쓰면 ∇가 f에 작용한다는 것을 나타내는 기호라고 생각할 수도 있다. 그런데 일변수와 마찬가지로 경사도가 0이 되는 점($f_x=f_y=0$이 되는 점)을 f의 임계점이라고 한다. 이 임계점이 일변수와 같고, 이 함수 f의 변화에 특징을 부여한다.

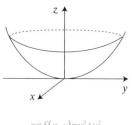

$z = f(x, y) = x^2 + y^2$

예를 들어 $z=f(x, y)=x^2+y^2$의 그래프는 위 그림과 같은 모양을 띠고 있다. 이때 임계점은 $f_x=\partial f / \partial x=2x=0$, $f_y=\partial f / \partial y=2y=0$이 되는 점이므로 원점$(0, 0)$이다. 마침 이 점은 극소점(냄비 바닥)이다. 그러나 $z=f(x, y)=x^2-y^2$의 경우는 어떨까?

이때는 $\mathrm{grad}\, f = (f_x, f_y) = (2x, -2y)$이다. 거기서 임계점을 구하면 $f_x=2x=0$, $f_y=-2y=0$의 점이니 역시 $(0, 0)$, 즉 원점이다. 즉 둘 다 원점이 임계점이다. 후자도 극소점인지 묻는다면 그렇지는 않다. 그것은 이 $\mathrm{grad}\, f = (f_x, f_y) = (2x, -2y)$를 보면 된다.

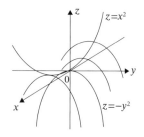

yz평면 위에서 생각하기

$f_x=\partial f / \partial x=2x$는 y를 상수로 보고 미분했다고 생각한 것이니 특히 $y=0$,

즉 $z=f(x, 0)=x^2$의 그래프를 xz 평면 위에서 생각해 보면 일변수에서 봤듯이 그 임계점 $x=0$인 곳은 바닥이다.

그러나 $f_y=\partial f/\partial y=-2y$를 똑같이 $x=0$, 즉 $z=f(0, y)=-y^2$의 그래프를 yz 평면 위에서 생각해 보면 그 임계점 $y=0$ 부분은 극대점(산꼭대기)다. 이러한 사실에서 유추할 수 있듯이 임계점 $(0, 0)$ 부근의 모습은 x축을 따라가면 냄비 바닥 모양이 되고, y축을 따라가면 산꼭대기 모양의 그래프가 된다. 이러한 임계점을 안장점(saddle point)라고 부른다.

이처럼 grad f가 임계점 근방의 그래프 모양을 결정한다는 사실을 알 수 있다. 그런데 grad f가 경사도라 불리는 만큼 그에 걸맞은 특징을 갖춰야 할 것이다. 실제로 grad f는 벡터이므로 방향과 크기에는 특별한 의미가 있다. 앞서 나온 함수 $z=f(x, y)=x^2+y^2$로 그 특징을 살펴보자.

지금 x와 y가 적당한 매개변수 t를 이용해서 t의 함수로 하고 $x(t)$, $y(t)$로 썼다고 하자. t가 수직선 위를 움직인다고 하면, $(x(t), y(t))$는 xy 평면 위에 곡선 하나를 그리게 되므로 이것을 $\phi(t)$로 나타내고 $\phi(t)=(x(t), y(t))$를 곡선이라 부른다. 그럼 이제 이 곡선을 따라 $z=f(x, y)$를 생각해 보면,

$$z(t)=f(x(t), y(t))=x^2(t)+y^2(t)$$

가 되므로 이것을 t로 미분해 보자. 즉 z의 값이 이 곡선을 따라 어떤 식으로 변화하는지 보는 것이다.

$$\frac{\mathrm{d}z}{\mathrm{d}t} = 2x(t)\frac{\mathrm{d}x}{\mathrm{d}t} + 2y(t)\frac{\mathrm{d}y}{\mathrm{d}t}$$

자세히 보면 우변은 벡터 $(2x(t), 2y(t))$와 $(\mathrm{d}x/\mathrm{d}t, \mathrm{d}y/\mathrm{d}t)$의 내적이다. 전자인 $(2x(t), 2y(t))$는 $\mathrm{grad}\,f$이고, 후자인 $(\mathrm{d}x/\mathrm{d}t, \mathrm{d}y/\mathrm{d}t)$는 곡선 $(x(t), y(t))$를 따라가는 접선 벡터 $\dfrac{\mathrm{d}\phi}{\mathrm{d}t}$를 나타낸다. 즉 z의 변화는 $\mathrm{grad}\,f$와 접선 벡터로 제어되고 있다는 것이다.

접선 벡터 $\dfrac{\mathrm{d}\phi}{\mathrm{d}t}$를 t로 쓰기로 하고, 벡터 $\mathrm{grad}\,f$와 이루는 각도를 θ라고 하면,

$$\frac{\mathrm{d}z}{\mathrm{d}t} = \mathrm{grad}\,f \bullet t = \|\mathrm{grad}\,f\| \bullet \|t\| \cos\theta$$

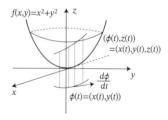

따라서 $\theta = 0$일 때 $\mathrm{d}z/\mathrm{d}t$는 최대가 되고, $\theta = \dfrac{\pi}{2}$일 때 0이 된다는 사실을 알 수 있다.($\|\ \|$는 벡터의 크기이고 $\bullet$는 내적)

$\theta = 0$일 때 접선 벡터 t가 벡터 $\mathrm{grad}\,f$와 같은 방향을 향하는 것이다. 즉 벡터 $\mathrm{grad}\,f$의 방향과 일치하는 곡

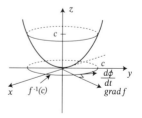

접선 벡터와 기울기 벡터

선 위에서 z는 가장 크게 증가하고, 그 증가분은 $\|\text{grad}\,f\|$의 제곱, 즉 벡터 $\text{grad}\,f$의 크기의 제곱이다. 따라서 $\text{grad}\,f$는 z가 가장 급격하게 증가하는 방향을 향하고 있으며 그 크기는 벡터 크기의 제곱이다.

이것이 벡터 (f_x, f_y)가 경사도라 불리는 이유다. 한편 $\theta = \dfrac{\pi}{2}$일 때 0 이 된다는 것은 $dz/dt = 0$이므로 $z =$ 상수라는 뜻이다. $z =$ 상수 $= c$가 되는 점 (x, y), 즉 $\{(x, y) \mid x^2 + y^2 = c\}$ $(=f^{-1}(c)$라고도 표기한다.) 위의 곡선을 따라가는 벡터가 t이기 때문에 $\text{grad}\,f$는 $f^{-1}(c)$에 직교한다는 것을 의미한다. 가장 일반적으로 $w = f(x, y, z)$에 대해서도 기울기 벡터는

$$\text{grad}\,f = (f_x, f_y, f_z)$$

가 되며, 지금과 같은 성질을 가진다.

이미 설명했듯이 $z = f(x, y)$나 $w = f(x, y, z)$ 모양의 특징은 $\text{grad}\,f$ 의 움직임 또는 임계점이 정하지만, 임계점 부근의 모습은 일변수만큼 단순하지 않다. 그러나 일변수와 마찬가지로 임계점에서 두 번의 미분이 중요하다. 이변수 이상에서는 두 번의 편미분이 만드는 행렬을 생각하게 된다. 이 두 번의 편미분이 만드는 행렬을 헤세 행렬이라고 하며 그 행렬식을 헤시안이라고 한다. 헤세는 19세기에 활동한 독일의 수학자다. $z = f(x, y)$일 때 헤세 행렬은 다음과 같다.

$$\left(\begin{array}{cc} \dfrac{\partial}{\partial x}\dfrac{\partial f}{\partial x}=f_{xx} & \dfrac{\partial}{\partial y}\dfrac{\partial f}{\partial x}=f_{xy} \\ \dfrac{\partial}{\partial x}\dfrac{\partial f}{\partial y}=f_{yx} & \dfrac{\partial}{\partial y}\dfrac{\partial f}{\partial y}=f_{yy} \end{array} \right)$$

f가 몇 번이든 미분을 할 수 있을 때는 $f_{xy}=f_{yx}$이므로 대칭행렬이 된다.

정리하면,

- 이 행렬식이 양이고 $f_{xx}>0$일 때, 임계점은 극소점이 된다.
- 이 행렬식이 양이고 $f_{xx}<0$일 때, 임계점은 극대점이 된다.
- 이 행렬식이 음일 때는 안장점이 된다.

일반적으로 R^2이나 R^3에서의 벡터장 F(벡터값 함수)가 주어졌을 때 어느 이변수 또는 삼변수 함수 f가 존재하고 $F=\nabla f$로 쓸 수 있을 때 f를 F의 포텐셜 함수라고 한다. 물리에서는 $F=-\nabla f$가 되도록 만드는 f를 포텐셜 함수라고 부르는데, F는 힘을 나타내고 f는 위치 에너지 등의 에너지를 나타낸다. 따라서 물리학에서는 벡터장 F가 있을 때 그것을 나타내는 포텐셜이 문제가 된다.

51

div

수학적으로 흐름을 보는 법

div는 divergence(발산)의 약자로 벡터 해석에서 쓰인다. 공간 안에 있는 영역에서 정의된 벡터값 함수를 벡터장이라고 한다. 공간 R^3이 어떤 영역에서 정의된 벡터장 V를 생각하자.

$$V(x, y, z) = (f(x, y, z), g(x, y, z), h(x, y, z))$$

쉽게 예를 들면 흐르는 물의 빠르기라고 생각해도 좋다.

$$\nabla = \left(\frac{\partial}{\partial x}, \frac{\partial}{\partial y}, \frac{\partial}{\partial z} \right)$$

이때 위의 작용소(연산자)를 벡터로 보고 ∇와 V와의 내적 •을 생각한다.

$$\nabla \cdot V = \frac{\partial f}{\partial x} + \frac{\partial g}{\partial y} + \frac{\partial h}{\partial z}$$

위의 식을 div V로 표기하고 V의 발산(양)이라고 한다. 내적이 무엇인지 굳이 생각하고 싶지 않을 때는 div V란 $\partial f / \partial x + \partial g / \partial y + \partial h / \partial z$라고 생각하면 된다.

$\nabla \cdot V =$ div V가 발산이라고 불리는 데는 다음과 같은 이유가 있다. 수도관이든 강의 흐름이든 물이 흐르는 속도가 V라고 하고 각 점에서 매우 작은 정육면체를 생각하는데, 물이 x, y, z 방향으로 각각 흘러간다고 하자. 이때 이 방향의 단위 부피당 흐르는 양을 더한 것이 div V가 된다.

실제로 밀도가 ρ이며 속도가

$$V = (v_1, v_2, v_3)$$

인 유체를 생각해 보자. 이때 단위당 질량의 흐름(질량 속도)은 다음과 같다.

$$\rho V = (\rho v_1, \rho v_2, \rho v_3)$$

이제 좌표축에 평행한 길이 $\Delta x, \Delta y,$ $\Delta z (\Delta x$는 x 방향의 아주 작은 변화라는 뜻으

질량 속도의 미소 변화

로 사용한다.)를 가지는 직육면체 D를 생각해 보자. 이 직육면체의 부피를 ΔD라 하면 $\Delta D = \Delta x \Delta y \Delta z$이다.

여기서 y축에 수직인 D의 한쪽 면에서 들어오는 물과 반대쪽 면으로 빠져나가는 물을 생각해 보자. 지금 생각하고 있는 면은 y축에 수직이므로 ρv_2만 관계가 있다. 매우 짧은 시간 Δt 사이에 이 한쪽 면에서 들어오는 물의 질량은 다음과 같다.

$$\rho v_2(x, y, z) \Delta x \Delta z \Delta t$$

한편 같은 시각에 반대쪽 면으로 빠져나가는 질량은 다음과 같다.

$$\rho v_2(x, y + \Delta y, z) \Delta x \Delta z \Delta t$$

따라서

$$\rho v_2(x, y + \Delta y, z) = \rho v_2(x, y, z) + \frac{\partial \rho v_2}{\partial y} \Delta y$$

이 식을 바로 위의 식과 근사적이라고 생각할 수 있다.(변수 y에만 관련 있는 일변수 함수의 미분이라고 생각하면, $g(y) = \rho v_2(x, y, z)$라고 하고 $\frac{g(y + \Delta y) - g(y)}{\Delta y} \fallingdotseq g'(y)$이므로 분모를 없앴다고 생각하면 된다.) 그러면 그 차이는,

$$\{\rho v_2(x, y+\varDelta y, z)-\rho v_2(x, y, z)\}\varDelta x \varDelta z \varDelta t$$

$$=\frac{\partial \rho v_2}{\partial y}\varDelta y \varDelta x \varDelta z \varDelta t$$

$$=\frac{\partial \rho v_2}{\partial y}\varDelta D \varDelta t$$

가 되고, 다른 면에서도 마찬가지로 생각하면 그 차이는 각각 이렇게 쓸 수 있다.

$$\frac{\partial \rho v_1}{\partial x}\varDelta D \varDelta t, \ \frac{\partial \rho v_3}{\partial z}\varDelta D \varDelta t$$

따라서 그 합은 다음과 같다.

$$\left(\frac{\partial \rho v_1}{\partial x}+\frac{\partial \rho v_2}{\partial y}+\frac{\partial \rho v_3}{\partial z}\right)\varDelta D \varDelta t$$

한편 D 안에서 질량 손실의 종류는 여러 가지가 있지만, 밀도의 시간적 변화($\partial \rho / \partial t$) 때문에 일어나는 것도 생각해야 하므로 손실은 다음과 같다.

$$-\frac{\partial \rho}{\partial t}\varDelta D \varDelta t$$

그 이외에 D에서는 아무 일도 일어나지 않는다고 하면 이들은 같을 것이므로 다음과 같다.

$$\left(\frac{\partial \rho v_1}{\partial x} + \frac{\partial \rho v_2}{\partial y} + \frac{\partial \rho v_3}{\partial z}\right) \Delta D \Delta t = -\frac{\partial \rho}{\partial t} \Delta D \Delta t$$

그런데 단위 시간, 단위 질량당 변화를 계산하려면 양변을 $\Delta D \Delta t$
로 나누면 된다.

$$\frac{\partial \rho v_1}{\partial x} + \frac{\partial \rho v_2}{\partial y} + \frac{\partial \rho v_3}{\partial z} = \mathrm{div}\, \rho V = -\frac{\partial \rho}{\partial t}$$

즉 $\mathrm{div}\, \rho V$는 단위 시간, 단위 질량당 손실을 나타내는 셈이다. 따라서 이것을 발산이라고 부른다. 이렇게 해서 다음 식을 얻을 수 있다.

$$\mathrm{div}\, \rho V + \frac{\partial \rho}{\partial t} = 0$$

만약 흐름이 시간에 구애받지 않는다면(= 정상) $\partial \rho / \partial t = 0$이므로 $\mathrm{div}\, \rho V = 0$이 된다.

특히 물처럼 밀도가 변화하지 않는 유체를 '비압축 유체'라고 부른다. 비압축 유체의 흐름에서는 $\rho =$ 상수이기 때문에 $\partial \rho / \partial t = 0$이므로 $0 = \mathrm{div}\, \rho V = \rho\, \mathrm{div}\, V$가 되고, $\mathrm{div}\, V = 0$이다. 따라서 $\mathrm{div}\, V = 0$은 비압축성 조건이라고도 부른다. 그러나 공기 등의 기체나 증기는 밀도가 일정하지 않기 때문에 압축성 유체라고 한다. $\mathrm{div}\, V > 0$이라면 솟아나는 곳이 있고, $\mathrm{div}\, V < 0$이라면 내부에 흡수하는 곳이 있다는 뜻이다.

한편 발산에 관해서는 '가우스의 발산 정리'라고 불리는 정리가 있다. 여기서는 더 자세히 다루진 않겠지만, 흐르는 양에 관해 생각하다 보면 자연스럽게 성립한다고 할 수 있는 정리다. 이 공식은 실제 계산 을 할 때 부피의 적분을 면적의 적분으로 변환하고, 거기에 그 역도 성 립한다는 점에서 중요한 정리다.

rot, curl

그래도 지구는 돈다

rot는 rotation(회전)의 약자다. rotation 외에 curl도 회전이라는 뜻이 있다. 이 용어는 벡터 해석에서 쓰이는데, 벡터 해석은 물리학이나 공학에 없어서는 안 될 도구다.

좌표가 (x, y, z)인 공간의 점 P를 $P(x, y, z)$라고 쓰겠다. 각 점 $P(x, y, z)$에서의 벡터값 함수 $F(x, y, z) = (f(x, y, z), g(x, y, z), h(x, y, z))$를 벡터장이라 부른다. 예를 들어 물의 흐름이 있고 임의의 점 $P(x, y, z)$에서 흐르는 속도 $V(x, y, z)$를 생각할 때, 그것은 크기와 방향을 가진 벡터값 함수이기 때문에 벡터장의 예가 된다.

여기 어느 벡터장 F와 F의 성분인 편미분 $\partial f / \partial x$, $\partial g / \partial y$, $\partial h / \partial z$를 생각하면, 벡터 $(\partial f / \partial x, \partial g / \partial y, \partial h / \partial z)$를 얻을 수 있다. 이제 편미분의 기호만

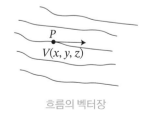

흐름의 벡터장

벡터 식으로 표시한 것을 ∇(나블라)를 이용해 이렇게 쓰겠다.

$$\nabla = \left(\frac{\partial}{\partial x}, \frac{\partial}{\partial y}, \frac{\partial}{\partial z} \right)$$

이때 $(\partial f / \partial x, \partial g / \partial y, \partial h / \partial z)$를 ∇가 벡터 F에 작용한 결과라고 생각하면 다음과 같이 쓸 수 있다.

$$\nabla F = \left(\frac{\partial f}{\partial x}, \frac{\partial g}{\partial y}, \frac{\partial h}{\partial z} \right)$$

한편 관점을 바꿔서 ∇를 형식적인 벡터로 생각하고 ∇와 F의 형식적인 외적 $\times$를 생각하면,

$$\nabla \times F = \left(\frac{\partial h}{\partial y} - \frac{\partial g}{\partial z}, \frac{\partial f}{\partial z} - \frac{\partial h}{\partial x}, \frac{\partial g}{\partial x} - \frac{\partial f}{\partial y} \right)$$

이 벡터를 회전(로테이션)이라고 부르며 rot F로 표기하는데 curl F라고 쓸 때도 있다. rot은 말 그대로 회전 현상을 기술한 것이다.

rot의 물리학적 의미를 생각해 보자. 각 점 $P(x, y, z)$에서 속도 벡터를 $V(x, y, z)$라고 하고, $V(x, y, z)$의 어떤 점 $P(x_0, y_0, z_0)$에서 테일러 전개를 생각한다.

$$\Delta x = x - x_0, \Delta y = y - y_0, \Delta z = z - z_0$$

그러면 다음과 같이 쓸 수 있다.

$$V(x, y, z) = V(x_0, y_0, z_0) + \frac{\partial V}{\partial x} \Delta x + \frac{\partial V}{\partial y} \Delta y + \frac{\partial V}{\partial z} \Delta z$$
$$+ (2\text{차 이상의 고차 항})$$

이 식을 어렵게 생각할 필요는 없다. 지금 자세한 내용을 구하는 것이 아니라 전체의 흐름과 사고법을 설명하는 것이니 일변수 때를 생각하면 된다. 일변수의 경우를 생각해 보면 $\Delta x = x - x_0$이 충분히 작을 때는,

$$\frac{f(x) - f(x_0)}{x - x_0} \fallingdotseq f'(x)$$

가 되므로,

$$f(x) \fallingdotseq f(x_0) + f'(x)(x - x_0) = f(x_0) + f'(x)\Delta x$$

가 된다. 원래는 이후에 Δx의 2차 이상인 항이 온다. 이러한 식이 이변수 이상에서도 성립한다고 생각하면 된다.

이제 점 $P(x_0, y_0, z_0)$에서 충분히 가까운 곳만 생각한다고 하면, 2차인 항 이후는 무시해도 되므로 다음과 같다.

$$V(x, y, z) = V(x_0, y_0, z_0) + \frac{\partial V}{\partial x} \Delta x + \frac{\partial V}{\partial y} \Delta y + \frac{\partial V}{\partial z} \Delta z$$

$V(x, y, z) = (v_1(x, y, z), v_2(x, y, z), v_3(x, y, z))$를 간단히 $V = (v_1, v_2, v_3)$이라고 쓰고 다음과 같이 나타낸다.

$$\frac{\partial V}{\partial x} = \left(\frac{\partial v_1}{\partial x}, \frac{\partial v_2}{\partial x}, \frac{\partial v_3}{\partial x} \right) = (a_{11}, a_{12}, a_{13})$$

단, $a_{11} = \partial v_1 / \partial x$, $a_{12} = \partial v_2 / \partial x$, $a_{13} = \partial v_3 / \partial x$이다. 마찬가지로 $\partial V / \partial y = (a_{21}, a_{22}, a_{23})$, $\partial V / \partial z = (a_{31}, a_{32}, a_{33})$으로 한다.

여기에서 생기는 행렬을 $A = (a_{ij})$로 두자. 그런데 일반적으로 행렬 A는 대칭행렬 B와 교대행렬 C의 합으로 단 한 가지로만 쓸 수 있다. 실제로 $B = 1/2(A + {}^tA)$, $C = 1/2(A - {}^tA)$로 두면 $A = B + C$이다. 단, ${}^tA$(또는 A^t)는 A의 행과 열을 바꾼 행렬로 전치행렬이라고 부른다. 이때 위의 식은 다음과 같이 된다.

$$V(x, y, z) = V(x_0, y_0, z_0) + A^t(\Delta x, \Delta y, \Delta z)$$
$$= V(x_0, y_0, z_0) + (B + C)^t(\Delta x, \Delta y, \Delta z)$$
$$= V(x_0, y_0, z_0) + B^t(\Delta x, \Delta y, \Delta z) + C^t(\Delta x, \Delta y, \Delta z)$$

$${}^t(\Delta x, \Delta y, \Delta z) = \begin{pmatrix} \Delta x \\ \Delta y \\ \Delta z \end{pmatrix}$$

먼저 제2항 $B^t(\Delta x, \Delta y, \Delta z)$를 생각하자. B는 대칭행렬이므로 적당한 직교행렬로 대각화할 수 있고, 대각행렬이 된다.

$$\begin{pmatrix} \lambda_1 & 0 & 0 \\ 0 & \lambda_2 & 0 \\ 0 & 0 & \lambda_3 \end{pmatrix} \quad (\lambda_1, \lambda_2, \lambda_3 \text{을 } B\text{의 고윳값이라고 한다.})$$

이때 $(\Delta x, \Delta y, \Delta z)$가 직교행렬로 변환되어 $(\delta_1, \delta_2, \delta_3)$이 되었다고 하면, 이 항은 $(\lambda_1 \delta_1, \lambda_2 \delta_2, \lambda_3 \delta_3)$이 되어 점 $P(x_0, y_0, z_0)$에서는 $\delta_1, \delta_2, \delta_3$의 방향으로 $\lambda_1, \lambda_2, \lambda_3$배 늘어나거나 줄어드는 운동이 일어나게 된다.

다음으로 제3항 $C^t(\Delta x, \Delta y, \Delta z)$를 생각해 보자. $C = (c_{ij})$라고 하면 다음과 같이 쓸 수 있다.

$$c_{ij} = \frac{1}{2}(a_{ij} - a_{ji})$$

명백하게 $c_{ii} = 0$, $c_{ij} = -c_{ji}$이다. 그러면

$$
\begin{aligned}
&C^t(\Delta x, \Delta y, \Delta z) \\
&= {}^t(c_{12}\Delta y + c_{13}\Delta z,\; c_{21}\Delta x + c_{23}\Delta z,\; c_{31}\Delta x + c_{32}\Delta y) \\
&= {}^t((\Delta x, \Delta y, \Delta z) \times (c_{23}, c_{31}, c_{12})) \quad (\times \text{는 외적 기호})
\end{aligned}
$$

여기서 $\operatorname{rot} V = \left(\dfrac{\partial v_3}{\partial y} - \dfrac{\partial v_2}{\partial z},\; \dfrac{\partial v_1}{\partial z} - \dfrac{\partial v_3}{\partial x},\; \dfrac{\partial v_2}{\partial x} - \dfrac{\partial v_1}{\partial y} \right)$ 이므로

$$
\begin{aligned}
c_{12} = \frac{1}{2}(a_{12} - a_{21}) &= \frac{1}{2}\left(\frac{\partial v_2}{\partial x} - \frac{\partial v_1}{\partial y} \right) \\
&= \frac{1}{2}(\operatorname{rot} V \text{의 제3성분})
\end{aligned}
$$

마찬가지로,

$$c_{23} = \frac{1}{2}(\text{rot } V \text{의 제1성분})$$

$$c_{31} = \frac{1}{2}(\text{rot } V \text{의 제2성분})$$

즉 이렇게 된다.

$$(c_{23}, c_{31}, c_{12}) = \frac{1}{2}\text{rot } V = \frac{1}{2}(\nabla \times V)$$

이때 실제로 무슨 일이 일어났는지 보기 위해 xy평면, yz평면, zx 평면으로 나눠서 생각한다.

$$C^t(\varDelta x, \varDelta y, \varDelta z)$$
$$= {}^t(c_{12}\varDelta y + c_{13}\varDelta z, \, c_{21}\varDelta x + c_{23}\varDelta z, \, c_{31}\varDelta x + c_{32}\varDelta y)$$
$$= {}^t(c_{12}\varDelta y, \, c_{21}\varDelta x, \, 0) + {}^t(0, \, c_{23}\varDelta z, \, c_{32}\varDelta y) + {}^t(c_{13}\varDelta z, \, 0, \, c_{31}\varDelta x)$$

제1항은 z의 항이 0인 xy평면의 작용으로 다음과 같다.

$$ {}^t(c_{12}\varDelta y, \, c_{21}\varDelta x, \, 0) = D^t(\varDelta x, \varDelta y, \varDelta z)$$

$$D = \begin{pmatrix} 0 & c_{12} & 0 \\ c_{21} & 0 & 0 \\ 0 & 0 & 0 \end{pmatrix}$$

그리고 xy평면에서 z축 중심으로 다음과 같은 회전을 생각한다.

$$\omega(t)=\begin{pmatrix} \cos c_{12}\,t & \sin c_{12}\,t & 0 \\ -\sin c_{12}\,t & \cos c_{12}\,t & 0 \\ 0 & 0 & 1 \end{pmatrix}$$

이제 $t=0$일 때의 $d\omega(t)/dt$를 생각하는데($\omega(t)$의 모든 성분을 t로 미분한다는 뜻), $t=0$이라고 하면 행렬 D를 얻는다. 즉 제1항은 z축 둘레를 각속도 c_{12}로 회전이 되었다고 생각할 수 있다. 다른 성분도 각각 x축, y축 둘레의 회전이라는 사실을 알 수 있다.

강의 흐름을 생각했을 때 각 점은 그 자체가 회전하면서 흘러간다. 각 점에서 $\nabla \times V = \text{rot } V$를 생각하면 rot V의 각 성분은 각 축의 주변에서 회전하는 각속도의 2배가 되고 이 벡터를 회전이라고 부른다.

53

$\Gamma(s)$

$n!$을 확장하면 어떻게 될까

$\Gamma(s)$는 감마함수라 불리는 것으로 $s>0$에서 정의된다.

$\Gamma(s)$는 다음 성질을 가진다.

$$\Gamma(s+1)=s\Gamma(s)$$

$$\Gamma(1)=1$$

s가 자연수 n일 때를 생각하면 아래와 같다.

$$\begin{aligned}\Gamma(n+1)&=n\Gamma(n)\\&=n(n-1)\Gamma(n-1)=\cdots\\&=n(n-1)(n-2)(n-3)\cdots1\Gamma(1)\\&=n!\end{aligned}$$

따라서 감마함수는 $n!$을 n이 자연수인 경우에서 양의 실수인 경우까지 넓힌 것과 같다. 감마함수는 실수 $s > 0$에 대해 다음과 같이 정의된다.

$$\Gamma(s) = \int_0^\infty e^{-x} x^{s-1} \mathrm{d}x$$

이 정의를 따라 계산하면 위의 두 성질을 검증할 수 있다.

$$\Gamma(1) = \int_0^\infty e^{-x} \mathrm{d}x = [-e^{-x}]_0^\infty = 1$$

$$
\begin{aligned}
\Gamma(s+1) &= \int_0^\infty e^{-x} x^s \mathrm{d}x \ (\text{부분 적분한다.}) \\
&= [-e^{-x} x^s]_0^\infty + \int_0^\infty e^{-x} s x^{s-1} \mathrm{d}x \ (-e^{-x} x^s \xrightarrow[\substack{x \to \infty \\ x \to 0}]{} 0) \\
&= \int_0^\infty e^{-x} s x^{s-1} \mathrm{d}x = \int_0^\infty e^{-x} x^{s-1} \mathrm{d}x \\
&= s\Gamma(s)
\end{aligned}
$$

또한 다음도 성립한다.

$$\Gamma(1/2) = \int_0^\infty e^{-x} x^{1/2} \mathrm{d}x = \sqrt{\pi}$$

여기서 $x = t^2$로 두면

$$\Gamma(1/2) = 2 \int_0^\infty e^{-t^2} \mathrm{d}t$$

와 같이 간단한 모양으로 표현된다.

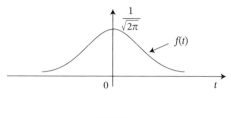

정규분포

이 적분은 겉보기에는 간단하지만 사실 그렇게 간단하게 구해지지 않는다. 우변에 나오는 함수를 조금 변경한 다음 식은 통계에서 나오는 정규분포의 확률 밀도 함수이다.

$$f(t) = \frac{1}{\sqrt{2\pi}} e^{-t^2/2}$$

정규분포표는 이미 완성되어 있어서 일일이 계산하지 않아도 확률을 구할 수 있지만, 이 함수의 적분을 봐두는 것도 쓸모가 없지는 않을 것이다. 이는 중적분을 이용해서 계산된다. 이 적분을 처음에 계산한 사람은 18세기 프랑스의 라플라스인데, 그의 책《확률의 해석적 이론》에 나온다. 책에 있는 방법은 이제부터 설명하는 현대 방법과 비슷했다.

$$I = \int_0^\infty e^{-x^2} dx$$

위의 식을 구하는데,

304

$$I^2 = \int_0^\infty e^{-x^2}\mathrm{d}x \cdot \int_0^\infty e^{-x^2}\mathrm{d}x$$

위의 식을 생각하고 다음과 같이 따져본다. 앞의 적분은 뒤의 적분과 관계가 없으므로 계산의 편의성을 위해 뒤의 적분은 y로 바꾼다.

$$I^2 = \int_0^\infty e^{-x^2}\mathrm{d}x \cdot \int_0^\infty e^{-y^2}\mathrm{d}y$$

$f(x) = e^{-x^2}, g(y) = e^{-y^2}$으로 두면, 둘 다 $[0, \infty)$로 연속된 함수이므로 서로 독립이기 때문에 $\Omega = [0,\infty) \times [0,\infty)$의 영역에서는 다음 식이 성립한다.

$$\iint_\Omega f(x)g(y)\mathrm{d}x\mathrm{d}y = \int_0^\infty f(x)\mathrm{d}x \int_0^\infty g(y)\mathrm{d}y$$

이렇게 해서

$$\iint_\Omega e^{-x^2}e^{-y^2}\mathrm{d}x\mathrm{d}y = \iint_\Omega e^{-x^2-y^2}\mathrm{d}x\mathrm{d}y$$

위의 식을 적분하면 된다.

이 적분은 세세한 부분은 생략하고, 극좌표를 활용해서 제1사분면 $D = \{(r, \theta) \mid 0 \leq r, 0 \leq \theta \leq \pi/2\}$의 적분을 생각하면 된다.

$$I^2 = \iint_D e^{-x^2} e^{-y^2} \mathrm{d}x\mathrm{d}y$$

$$= \iint_D e^{-r^2} r \mathrm{d}r \mathrm{d}\theta$$

$$= \int_0^{\frac{\pi}{2}} (\int_0^{\infty} e^{-r^2} r \mathrm{d}r) \mathrm{d}\theta$$

$$= \pi/2 [(-1/2) e^{-r^2}]_0^{\infty}$$

$$= \pi/4$$

이렇게 해서 $I = \sqrt{\pi}/2$, 즉 다음과 같다.

$$\Gamma(1/2) = \sqrt{\pi}$$

한편 정적분 계산을 할 때 자주 나오는 함수로 오일러의 베타함수라 불리는 것이 있다. $p > 0$, $q > 0$에서 다음과 같이 된다.

$$B(p, q) = \int_0^1 x^{p-1} (1-x)^{q-1} \mathrm{d}x$$

이 식과 감마함수 사이에는 아래와 같은 관계가 있다고 알려져 있다.

$$B(p, q) = \Gamma(p)\Gamma(q)/\Gamma(p+q)$$

감마함수는 다른 이름으로 오일러 적분이라고도 불리며, 이 공식 역시 오일러가 도출해 냈다. 이러한 적분의 성질은 17세기 영국의 월리스가 부분적으로 발견했는데, 체계적으로 전개한 사람은 오일러다. 베타함수는 오일러보다 1세기 후에 러시아의 수학자 체비쇼프가 일반화했다. 이들은 통계나 확률의 밀도 함수로 종종 등장한다. $n!$은 $_nC_m$과 무관하지 않고, $_nC_m$은 확률과 깊은 관계에 있으니 그것이 발전한 $\Gamma(s)$와 $B(p, q)$가 통계나 확률과 밀접하게 연관되어 있다는 것은 지극히 자연스러운 일이다.

수학의 발견과 성과는 하루아침에 이루어지는 것이 아니라 몇 세기에 걸쳐 발전해 간다는 사실을 깨달았으리라 믿는다. 수학은 여러 분야에서 분석하는 도구로 쓰이기 때문에 이해가 깊어지면 문화와 문명을 모두 짊어지고 걸어갈 수 있는 가장 강력한 무기가 될 것이다.

그리스 문자 용례 사전

고대 그리스는 학문의 중심이며, 그중에서도 수학(당시에는 기하학을 뜻했다.)은 커다란 비중을 차지하고 있었다. 그러나 숫자를 나타내는 적당한 자릿수 기수법이 없어 그리스어 알파벳을 숫자로 이용했기 때문에 계산법이 발달하지는 않았다. 그리스 문자는 이때의 영향으로 현재까지도 수학 기호로 널리 쓰이고 있다. 아래는 각 그리스 문자가 수학에서 어떤 의미로 쓰이는지를 설명한다.

A, α 알파	이차방정식의 해(근) 등을 나타낼 때 쓰인다. β와 함께 해와 계수의 관계에 이용된다. 그 밖에 각도나 복소수에도 쓰인다. 수학에서는 없지만 α선이나 α파 등도 있다.
B, β 베타	α와 마찬가지로 이차방정식의 해(근)나 각도에 사용된다. 오일러가 생각한 베타함수가 있다. α와 똑같이 β선이나 β파 등이 있다.
Γ, γ 감마	계승 !을 확장하는 Γ함수에 쓰인다. 소문자 γ은 오일러의 정수를 나타낸다. 오일러 정수 $\gamma = 0.57721566\cdots = \lim_{n \to \infty}(1 + 1/2 + 1/3 + \cdots 1/n - \ln n)$ 또는 γ선으로 유명하다.
Δ, δ 델타	Δ는 미분 연산인 라플라시안($\partial^2/\partial x^2 + \partial^2/\partial y^2 + \partial^2/\partial z^2$)을 나타낸다. 증분 Δ나 차분 Δ로 사용된다. δ는 디랙의 초함수를 나타내며 디랙의 δ라고 한다. 함수의 연속성이나 수렴을 위한 수학적 방법인 $\varepsilon - \delta$ 논법은 대학에서 학생들을 괴롭히는 주범이다.

E, ε 엡실론	$\varepsilon - \delta$ 논법에 사용된다. ε는 오차나 작은 것을 나타낼 때 쓰인다. 또한 $+1, -1$이라는 부호를 나타낼 때도 ε이 쓰인다.
Z, ζ 제타	리만의 ζ함수가 유명하다.
H, η 에타	변수로 쓰인다.
Θ, θ 세타	각도를 나타내는 전형적인 기호다.
I, ι 요타	소문자는 i에서 위의 점이 없는 모양이다. 군 등의 단위원이나 항등 사상 등에 이용된다.
K, κ 카파	소문자 κ는 곡선이 얼마나 굽었는지 나타내는 곡률로 쓰인다.
Λ, λ 람다	소문자 λ는 행렬의 고윳값에 쓰인다.
M, μ 뮤	μ는 통계의 평균값이나 길이 단위인 미크론, 측도론이라 불리는 적분에 관한 이론에서 측도(넓이 등)를 나타낼 때 쓰인다.
N, ν 뉴	크게 쓰이는 일은 없다.
Ξ, ξ 크시	변수로 쓰인다.

O, o 오미크론	대문자 O는 란다우 기호라고 하며 0에 가까워지는 속도를 나타낸다. 소문자 o는 무한으로 작은 정도를 나타내는 기호다.
Π, π 파이	Π는 곱을 생략한 기호이며 π는 원주율이다.
P, ρ 로	ρ는 밀도, 굽은 정도를 나타내는 원(곡률원)의 반지름, 통계에서 상관계수 등에 이용된다.
Σ, σ 시그마	Σ는 합을 생략한 기호다. σ는 통계의 표준편차, 치환이나 측도론에 쓰인다.
T, τ 타우	공간 곡선은 굽은 정도와 비틀린 정도로 컨트롤되는데, 그 비틀린 정도를 나타낼 때 τ이 쓰이며 치환을 나타낼 때도 쓰인다.
Y, υ 입실론	사용되는 일이 적다.
Φ, ϕ 피	각도나 함수, 공집합 기호, 오일러 각 등에 쓰인다.
X, x 키	통계에서 x제곱 분포, 지표라 불리는 특수한 함수나 다면체의 점, 변, 면의 조합에서 나오는 오일러 표수 등에 쓰인다.
Ψ, ψ 프시	함수나 각도에 쓰인다.
Ω, ω 오메가	Ω는 확률 공간을 나타낼 때 쓰인다. ω는 각속도, 1의 세제곱근 ($\omega^3 = 1$)에 쓰인다.

참고 문헌

《그레이젤의 수학사 Ⅰ, Ⅱ, Ⅲ》, 게르시 이사코비치 그레이젤, 오오타케출판, 1997
– 수업에 쓰기 위해 쓰인 수학사로 분야별로 나눠져 있으며 이해하기 쉽고 편리하다.

*《수학의 역사 상·하》, 칼 B. 보이어, 경문사, 2000
– 시대마다 활약했던 사람을 중심으로 쓰여 읽기가 쉽다.

《초등수학사 상·하》, 플로리안 카조리, 공립출판, 2015
– 고대, 중세, 근대로 역사를 구분해서 총정리한 명저이다.

*《π의 역사》, 페트르 베크만, 경문사, 2021
– π에 관한 이야기를 역사적으로 상세하게 기술했다. 수학 기호에 관해서는 아래 책
  도 같이 참고했지만, 내용적으로는 위의 책들과 중복되는 부분이 많다.

《수학과 수학 기호의 역사》, 오야 신이치·가타노 젠이치로, 쌍화방, 1978

《신수학 사전》, 오사카서적, 1980

《이와나미 수학 사전》, 일본수학회, 이와나미서점, 2007

수학적 내용에 관해 필자가 어떠한 서적이나 어딘가에서 들은 해설 등에서 영향을 받았다는 사실은 의심의 여지가 없다. 그러나 일일이 그것을 확인할 수 없기 때문에 그러한 참고 문헌 모두를 수록하기 어렵다는 점 미리 양해를 구한다. 수학에 대한 기술은 책마다 비슷해질 수밖에 없으므로 일반적인 미적분이나 선형대수 책에서 같은 내용을 발견할 수 있을 것이다. 이 역시 독자 여러분의 너른 양해를 부탁드린다.

―――

*은 한국에도 번역 출간된 도서를 나타내며, 해당 도서는 한국 출간 정보를 기준으로 수록했습니다.

옮긴이 김소영

다양한 일본 서적을 우리나라 독자에게 전하는 일에 가장 큰 보람을 느끼며, 더 많은 책을 소개하고
자 힘쓰고 있다. 현재 엔터스코리아에서 일본어 번역가로 활동하고 있다. 옮긴 책으로는《재밌어서
밤새 읽는 수학 이야기》,《하루 한 문제 취미 수학》,《선천적 수포자를 위한 수학Ⅱ》,《읽자마자 수학
과학에 써먹는 단위 기호 사전》등이 있다.

읽자마자 원리와 공식이 보이는 수학 기호 사전

1판 1쇄 펴낸 날 2023년 8월 25일
1판 3쇄 펴낸 날 2024년 5월 15일

지은이 구로기 데쓰노리
옮긴이 김소영
감수 신인선

펴낸이 박윤태
펴낸곳 보누스
등록 2001년 8월 17일 제313-2002-179호
주소 서울시 마포구 동교로12안길 31 보누스 4층
전화 02-333-3114
팩스 02-3143-3254
이메일 bonus@bonusbook.co.kr

ISBN 978-89-6494-634-3 03410

• 책값은 뒤표지에 있습니다.